Sabine Welte

EXTREME BIKES

Design und Tuning

GeraMond

Sabine Welte wurde 1958 in Gevelsberg i. W. geboren, absolvierte zunächst Ausbildungen in diversen Verwaltungsberufen, bis sie auf dem zweiten Bildungsweg ihr Abitur nachholte, um dann Architektur zu studieren.

Aus ihrer zwischenzeitlichen Familiengründung gingen zwei bezaubernde Töchter hervor. 1997 wechselten nach einem Motorradausflug als Sozia ihre Interessen abrupt von den Immobilien zu den zweirädrigen Mobilen. Sie erwarb den Motorrad-Führerschein und befuhr nach nur sechs Monaten Fahrpraxis zum ersten Mal eine Rennstrecke, „das beste Auslaufgebiet für leistungsstarke Krafträder". Fahren, schreiben und fotografieren bestimmen neben ihren Kindern seitdem ihr Leben als freie Journalistin. Ihr bevorzugtes Thema sind Menschen und deren Fahrmaschinen. Und das Erleben von Geschwindigkeit in Schräglagen!

Produktmanagement: Marcus Piorkowski
Textredaktion: Martin Distler
Satz/Layout: Verlagsservice Peter Schneider
Repro: ScannerService S.r.l.
Umschlaggestaltung: Kraxenberger, München
unter Verwendung von Fotos aus dem Archiv
der Autorin Sabine Welte
Herstellung: Thomas Fischer
Printed in Italy by Printer Trento S.r.l.

Alle Angaben dieses Werkes wurden vom Autor sorgfältig recherchiert und auf den aktuellen Stand gebracht sowie vom Verlag geprüft. Für die Richtigkeit der Angaben kann jedoch keine Haftung übernommen werden. Für Hinweise und Anregungen sind wir jederzeit dankbar.
Bitte richten Sie diese an:
GeraMond Verlag
Postfach 80 02 40
D-81602 München
E-mail: lektorat@geramond.de

Bildquellen:
alle Abbildungen: Sammlung des Autors

Die Deutsche Bibliothek – CIP Einheitsaufnahme
Ein Titeldatensatz für diese Publikation ist bei der Deutschen Nationalbibliothek erhältlich.

ISBN-13: 978-3-7654-7783-6
ISBN-10: 3-7654-7783-4

Macht, Magie und Mystik mutierter Motorräder

Meiner Familie!

Von Menschen, die ihre Motorräder
nach ihren kühnsten Träumen so gestaltet
haben, dass sie ihrem Leben und Sein
Ausdruck verleihen.
Primär. Prägnant. Präzise.

Von Motorrädern, die ihren Menschen
durch ihr Sein ein Denkmal setzen
und sie fortbewegen, ihren Weg
sinnig und innig begleiten.
Andersartig. Eigenartig. Unartig.
Meisterlich, nicht wie die meisten.

Mutabor: Ich werde mich verwandeln!

Sabine Welte

Breckerfeld in Deutschland, 2006

www.lazareth.fr

LAZARETH

Design-Ideen aus Frankreich

Kunst am Motorad par excellence

Die Design-Schöpfungen von Ludovic Lazareth beeindrucken die Motorrad-Welt jedes Jahr aufs Neue. Mit seinen Ideen verleiht er den Maschinen eine nahezu außerirdische Optik.

Federbein von EMC, am Lenkkopf justierbar

Exzentrische Interpretation der amerikanischen Honda-Studie NAS 1000, ins französische übersetzt.

Aufgabe der Mono-Schwinge einer MV-Agusta, mit passendem Brems-Interieur am auf acht Zoll verbreiterten Marchesini-Rad, alles im Extérieur Lazareth-typisch modifiziert.

Die Federbein-Aufnahme lagert im Getriebe, der selbsttragende Heckrahmen aus Karbon lässt den Sitzhöcker wie freischwebend wirken. Damit aber bei aller Rasanz der Kopf kühl bleibt, platzierte der Franzose gleich den Benelli-Machern oder, wie ehedem der phänomenale John Britten bei seiner V-1000-Kreation, die Wasserkühlung in luftigen Höhen unterm elegant geformten Heck mit einer selbst kreierten Emissions-Edelstahl-Verrohrung. Adäquat zum fast unsichtbaren Rahmen aus einem Verbund von Stahlrohr, CNC-gefrästen Aluminium und Karbon.

Betörendes Muskelspiel

Beim Standard-Antrieb beließ Ludo es nicht. Der Kompressor eines Mini Cooper S greift ein in die Kraftversorgung. Eine nochmalige Überhöhung des Projekts der Amerikaner. Der wahrhaft asketische Körper findet in seiner Intention der reduzierten Formen und klaren Linien beim Franzosen die passende Physiognomie: spitz geformte Gesichtszüge aus GfK und Carbon. Designed an einer ehemaligen Honda-Leuchteinheit, die mit ihren zierlichen Ram-Air-Ärmchen drum herum erst recht Angriffslust signalisiert. Derartig gut durchblutet schaut die *Dokujya* von Lazareth einer wahrhaft inspirierenden Zukunft entgegen.

Die senkrechte Einarmschwinge glänzt durch einzigartiges Design.

Lazareth Yamaha V-Max

„Bi Mono Bras“

All-Macht

Sollte der Allmächtige je ein einspuriges Aggregat über diesen oder jeden anderen Planeten treiben wollen, würde er mit dieser V-Max selbst Kreaturen wie Satan in den Staub zementieren.

Eine Maschine wie ein Gebet, wie ein heiliges Vaterunser. Ein Zentrum, das sich aufschwingt wie ein gelobtes Halleluja, wird hier umrahmt und getragen von zwei mächtigen Armen. Wie, wenn Vater uns als Kind auf seine starken Schultern hochnahm, um uns auch optisch eine höhere Wertvorstellung der Welt zu liefern, unbekannte Welten zeigen, die uns aus unserem niederen Level heraus sonst zutiefst verborgen geblieben wären. Und Ludovic Lazareth ist solch ein Mensch. Er eröffnet uns mit seinen Schöpfungen neue Dimensionen. Ludovic trug die Vision dieser kraftstrotzenden V-Max über zwei lange Jahre mit sich herum, nutze jede freie Minute, diese phantastischen Anwandlungen in die Wirklichkeit zu transferieren. Präsentieren wollte er die Maschine erstmals auf der Paris Tuning Show Ende Februar 2004.

Und es gelang ihm, neben den anderen Wahnsinnstaten wie einer Yamaha-MT01-Studie und der Suzuki B-King diese geballte Schöpfungskraft in Materie umzuwandeln. Ein Unikat. Die Gefahr des Klonens besteht wohl kaum, verschlang dieser enorme Maschinenkörper doch den sagenhaften Paketpreis von rund 60.000 Euro.

Das scheinbar Unmögliche zu verwirklichen, das hält diesen charismatischen Erfinder gefangen. Lazareth formt und fräst sich seine eigene Welt. Der ehemalige Schüler von Franco Sbarro wird seinem Meister in Design und Technik mehr als gerecht.

Symphonie aus Karbon, Aluminium und Edelstahl

Diese Fahrmaschine, unendlich lang gestreckt, aber mit enorm konzentrierter Masse, entfaltet sich dem Betrachter beim Blick in die Tiefe. Besann sich der Franzose aus Cran Gevrier in der Nähe von Annecy doch der so voluminösen Leidenschaft seiner Landsleute und formte eine V-Max aus der Urzeit zu diesem von zwei kraftvollen Armen getragenen Wesen der Zukunft. Die Einarm-Schwingen einer Speed-Triple umarmen den Reaktor, treiben ihn an von Meisterhand gefrästen Elementen über unseren Planeten. Der mächtige V4-Motor bleibt der Serienausführung treu.

Nahezu epizentralen Charakter nimmt das Vorderrad mitsamt seiner bisher einzigartigen Aufhängung ein. Den Monoarm der Speed Triple kürzte der Techno-Freak um die Hälfte ein, annektierte das Vorderrad an einem maßgeschneiderten Teilarm. Faszinierend, der monumentale Aluminium-Block an der Schwinge mit seinen Verbindungselementen zum Rad aus Edelstahl und die dagegen recht zarte Aus-

Abb. 1: Aggressives Styling kennzeichnet die Scheinwerferpartie der V-Max. Diesem Gesichtskreis entgeht nichts.

Abb. 2: Elemente visueller Kraft: metallische Schulterpartien.

Abb. 3: Die V-Max in ihrer wohl kompromisslosesten Verkörperung.

1

2

3

Lazareth Yamaha V-Max

MOTOR
Original Yamaha V-Max mit 4 Luftfiltern Typ „Air Green Filters“; Modifikation auf Kettenantrieb; Auspuffanlage komplett Eigenbau aus Edelstahl; Kühler Eigenbau aus Aluminium

RAHMEN
Stahlrahmen Eigenbau mit vier Halterungen aus Edelstahl für die beiden Einarm-Schwingen und dem Pro-Link-Umlenksystem

FAHRWERK
Einarm-Schwinge vorne und hinten von Triumph Speed Triple; Vorderrad Speed Triple auf 3,5 Zoll eingekürzt für 120er-Reifen; Hinterrad Speed Triple erweitert auf 7,5 Zoll für 200er-Reifen; Felgenkranz aus Aluminium; Einarm-Schwinge vorne um die Hälfte gekürzt, alle angrenzenden Teile passend selbst konstruiert und verschweißt; Triangel-Halterung aus Aluminium, Kopfgelenk aus Edelstahl, Bremszangen-Halterungen Edelstahl, Mittelteil aus Aluminium

BREMSEN
vorne: drei Bremszangen, jeweils schwimmend gelagerte Brembo-2-Kolben, modifiziert;
hinten: Bremszange mit einer Brembo-2-Kolben-Anlage, Haupt-Bremszylinder und Pumpe PR19

BODYWORK
Verkleidungsteile aus Polyester und Karbon, selbst gefertigt; Lampenmaske 954 CBR; Tacho Yamaha R1 aus 2003; anstelle der Rückspiegel Videokamera am Heck und LCD-Monitor in der Tankattrappe; Rücklicht auf selbst geformter Kunststoff-Halterung; Fußrastenanlage und Halterungen Eigenbau; Stoßdämpfersystem Typ EMC, Eigenbau; Sitzhöcker im Karbon-Look, Eigenbau

führung des Halterungskörpers aus Aluminium in der oberen Etage. Eine Ansammlung von Edelstahl- und Aluminium-Komponenten, die wie von einem anderen Stern anmuten. Angelenkt wird das Triumph-Rad nach Manier einer Yamaha GTS 1000. Und dann noch diese mächtige Bremsanlage als Feind aller kinetischer Energien, die dieses Monster einbremst. Die von 6 Zoll auf 3,5 Zoll geschrumpfte Triumph-Felge verschwindet nahezu unter den akribisch gefrästen Edelstahl-Halterungen einer dreifachen Brembo-Stopper-Formation.

Massive Attacke

Geschickt verdeckt, aber genauso imposant, geht es auch an dem hinteren Kraftbein weiter. Schließlich wird die originäre V-Max be-

Abb. 1: Unikate CNC-gefräste Verbindung zum Lenkkopf mit zierlicher Anmutung

Abb. 2: Die Drei-Kolben-Bremszange am V-Max-Vorderrad.

Abb. 3: Die verchromte und labyrinthartig angeordnete Auslassverrohrung.

1

2

kanntlich kardanartig vorwärts getrieben. Ludovic legt dieses Objekt der außergewöhnlichen Metamorphose an die Kette, formatiert die Einarmschwinge für das Aufhängungs-Konzept passend zum Federbein, ergänzt mit eigenem Kettenträgerblatt und überlässt auch die Kette nicht schutzlos der Umwelt. Karbon hier wie am Lampengesicht, sogar die Lufthutzen bekommen noch ihr eigenes Gepräge mit den schmalen, waagerecht eingeschobenen Metallplatten.

Betrachten wir diese kunstvoll gebogene Verrohrung, die sich aus dem Triebwerk windet: Der Kollektor bildet ein Labyrinth, zwei Rohre suchen sich ihren Weg nach vorne heraus, zwei nach hinten weg, quellen im hinteren Part aus dem Bugspoiler hervor und vereinigen sich unter dieser wahrhaft marginal gehaltenen Sitz-Vorrichtung. Aus Aluminium, von Karbon ummantelt, bestimmen sie unübersehbar die Heckansicht. Habt ihr das kleine Kamera-Auge dort neben dem rechten, edel verpakkten Schornsteinkopf bemerkt? Bedienbar ist diese technische Einheit vom Cockpit aus, das den Tacho einer R1 trägt. Der Monitor in der Tankattrappe gibt satelliten-gestützt Aufschluss über vermeintliche Hindernisse, informiert über Zustand und Verstell-Variationen des Fahrwerks.

Blicken wir noch auf diverse Details, vervollkommnen der flache Lenker auf der selbst konstruierten Halterung dieses spektakuläre Lenksystem, verleihen diesem Tier von Fahrmaschine Funktionalität mit einer leichtgängigen Lenkung par excellence. Die gesamten Verkleidungsteile sind maßgeschneidert, die Gesamtanmutung der Carbonteile ähnelt der Optik einer Honda CBR 900.

Wie steht der Künstler selbst zu seinem Werk? „Jetzt, wo die Maschine fertiggestellt ist, habe ich sie schon fast vergessen. Natürlich habe ich etliche Stunden damit zugebracht, aber die nächste würde mit Sicherheit noch besser werden."

3

Lazareth Yamaha MT 01
„Wild Star“

Bass-Boost: Riesige Underseat-Schalldämpfer

Solution sophistiqué

Eine Studie zeigt, was in Sachen Motorrad-Design möglich ist.

Yamaha brachte die Motorradwelt auf der Tokio Motorshow 1999 zum Sabbern: Produkt-Planer Shinichiro Nishimura hatte ganz im Sinne der Kraftrad-Treiber ein Bike kreiert, das Adrenalin-Junkies Spaß bereitet, sobald sie es aus der Garage holen. Jun Tamura vom Design-Team von Yamaha, folgte Nishimuras Ruf und kreierte die scharf gezeichnete MT01. Dazu gehörte für ihn ein Triebwerk mit einem Klang wie ihn eine Tsuzumi-Trommel verursacht. Diese sind sehr kompakt, erzeugen aber einen sehr starken, bestimmenden Ton. Drum'n'Bass-Sound gewissermaßen, der die Eingeweide in Schwingungen versetzt.

Der Big-V-Twin der Yamaha Wild Star XV 1600 verspricht sensationelle Empfindungen aus Impulsen und Sound in jedem Geschwindigkeitsbereich. Alle technischen Elemente sollten sich auf ein Minimum an Raum beschränken. Maschine, Chassis, auch Federung und Abgassystem, alles wurde unter der Maxime der Konzentration der Massen entworfen. Das enorme Drehmoment dient als Impuls für die Fortbewegung. Das geradezu spielerische Handling und die gewaltige Kraft, die mit jedem Dreh am Gasgriff hemmungslos in Geschwindigkeit umgesetzt wird, garantieren Spaß bis an die Grenzen des physikalisch möglichen. Das Glücksgefühl bei dieser Art von Kick sorgt für jede Menge Gänsehaut.

Pulsation et Passion

Ein Konzept, dass 1999 Sportfahrerherzen schneller schlagen ließ und die Seelen der Landstraßen-Hetzer zum Schwingen brachte. Aber die raue Wirklichkeit lag nach der Jahrtausend-Wende mal wieder fern der sensationellen Studie: Yamaha stellte die Bulldog auf die Straße. Doch den französischen Tuner und Design-Künstler Ludovic Lazareth ließ der intergalaktische Entwurf nicht ruhen. Der 31-Jährige gehört zu den wenigen, die Zielkonflikte lösen. Er interpretierte und komprimierte die Stilelemente zu einem homogenen Ganzen. „Ich mag diesen voluminösen Motor, mit diesem tierischen Drehmoment. Mit einem wunderschönen Outfit und den Stößelstangen, die wie edle Königswellen wirken.“ Kürzeste Wege auf der Straße zum sofortigen Spaßvergnügen, minimales Platzangebot für die technischen Einheiten. Direkte, katapultartige Beschleunigung aus untersten Drehzahlen, weg vom Zahnriemen auf der linken Seite, rüber zum Kettenantrieb nach rechts. Die Schwinge der Triumph Speed Triple umgedreht integriert, tiefliegender Schwerpunkt, Trockensumpfschmierung, mit Batterie, Elektrik und Ölvorrat im filigranen Bugspoiler. Sportliche Elemente der Upsidedown-Gabelführung einer 1000er Gixer mit radialer Bremstechnik vorn und der für Lazareth typischen Anlenkung des EMC-Federbeins hinten, mit selbstgefräster

Halterung an der Einarmschwinge und einem Verbindungselement vom abstützenden Motor zum Hilfsrahmen aus Stahl. Die Sport-Geometrie, die sich die Nippons ausdachten machte Lazareth erst möglich.

Der Scheinwerfer aus der 600er Bandit gibt seine Herkunft durch dezent vollzogene Modifikationen nicht mehr preis. Ein Bauteil, das durch seine faszinierende Formgebung sogar solch einer ansonsten so stimmig und ausgereiften Erfindung wie der MV Agusta Brutale auch weitaus besser zu Gesicht stände als der ihr anhaftende Dali-artig zerfließende Scheinwerfer. Lazareth vergibt diesen Leuchtkörper sogar in Klein-Serie allen Erleuchteten.

Faiblesse pour Raffinesse

Obwohl Lazareth nicht der Vorgabe für die Platzierung des Federbeins auf der linken Seite des Triebwerks folgt, erreicht er eine kompakte Geometrie und einen außerordentlich kurzen Radstand für gutes Handling. Er benutzt den massiven Twin als tragendes Element, der Hilfsrahmen bis hin zur imposant geführten Abgasentsorgung bleibt unsichtbar. Die voluminösen Endtöpfe scheinen das schmale Sitzpolster zu stützen. Insgesamt gesehen verbaute der Franzose hauptsächlich Serienteile, formte nur den Tank mit den seitlichen Hutzen und den Bugspoiler selbst, fabrizierte die Kettenabdeckung und Deckel, die Anlenkung für das Federbein und den Hilfsrahmen. Auch die Fußrastenanlage kommt vom Fließband, wird aber aufgepeppt mit Alu-Flügeln. Die anmutige Farbgebung übergießt die Skulptur, es entstehen matte Flächen im güldenen Champagner-Ton und kontrastieren gegen die glänzenden Auftritte

Haute Cuisine:* *Filigranes Fußrasten-Design an eleganter Krümmerführung

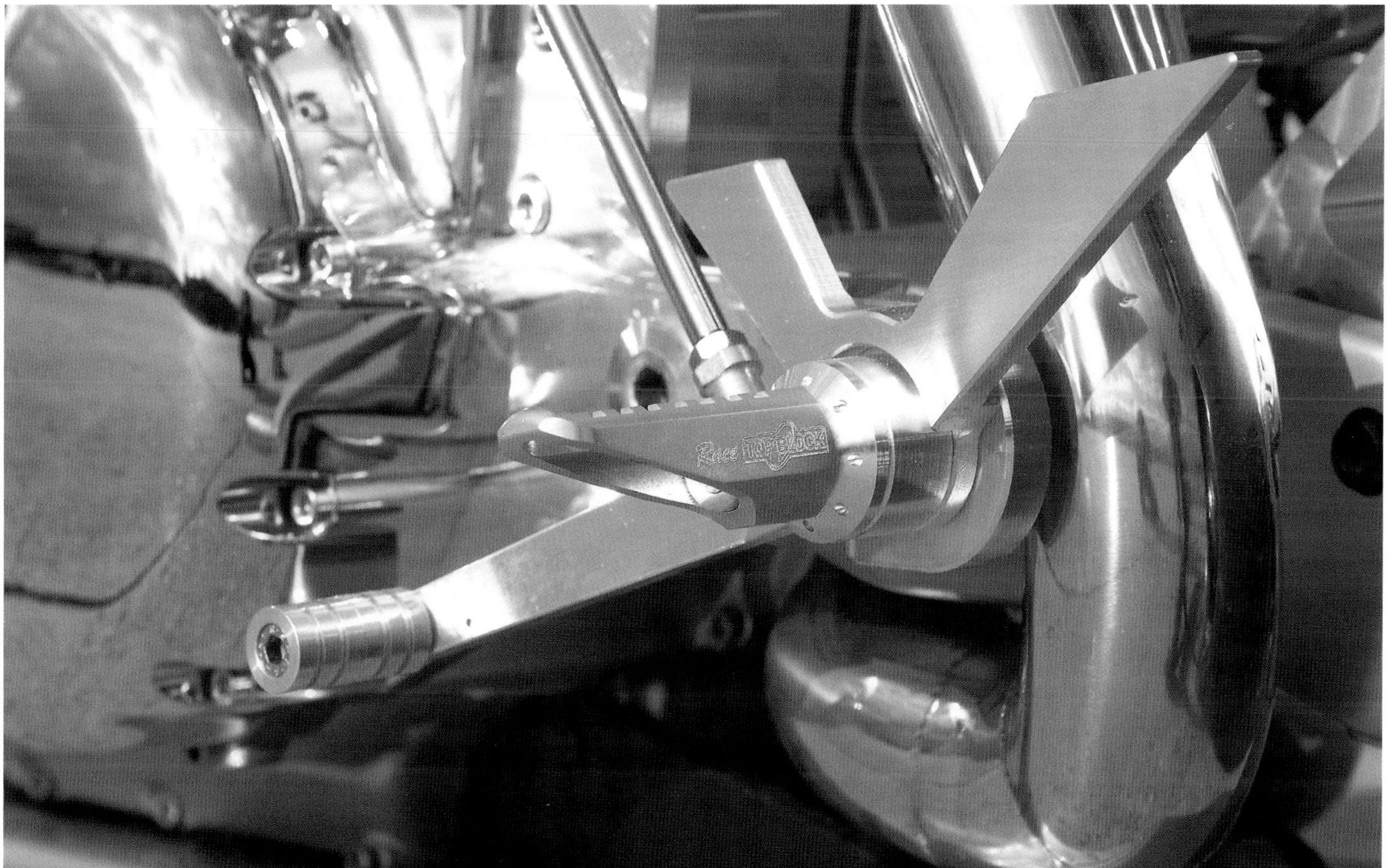

Lazareth Yamaha MT 01

MODELL
Yamaha VX 1600

MOTOR
XV 1600 Wild Star
Bauart: luftgekühlter Zweizylinder-Viertakt-V-Motor
Hubraum: 1602 ccm
Ventilsteuerung: OHV
Ventile: 4 pro Zylinder
Bohrung x Hub: 95 x 113 mm
Verdichtung: 8,3:1
Nennleistung: 46,3 kW (63 PS)
max. Drehmoment: 134 Nm
Vergasertyp: MIKUNI BSR40/1 mit TPS
Vergaserdurchmesser: 40 mm
Zündung: Digitale, Transistor-Kennfeldzündung
Lichtmaschinenleistung: 300 Watt
Batterie: 12 V/18 Ah
Umrüstung von Zahnriemen- auf Kettenantrieb bei Umfunktionierung des Getriebegehäuses zur Schwingenlagerung im Motorgehäuse; Trockensumpfschmierung; Ölvorrat, Batterie und Elektrik im Bugspoiler untergebracht; Edelstahl-Krümmer, poliert, Eigenanfertigung; Endschalldämpfer Edelstahl, mit Cover aus Aluminium nach Typ MT 01, Maßanfertigung

RAHMEN
Hilfsrahmen aus Stahl, verdeckt vom Polyester-Tank; Abstützung über zwei Fixierungsverstrebungen aus Aluminium am Motorblock, Eigenanfertigung

GABEL
Gabel Suzuki GSX-R 1000-2003; radiale Tokico-Bremsanlage; Gabelbrücken Aluminium, Maßanfertigung; Rad Yamaha 600 Fazer; Bremsscheibe Yamaha FZR 1000; Bremszylinder F6C; Kupplungshebel Yamaha R1

SCHWINGE
Einarm-Schwinge Triumph Speed Triple, umgedreht; Umlenkung Eigenanfertigung mit EMC-Federbein, im Motor gelagert; Abstützung oben am Hilfsrahmen mittels Verstrebungen vom Motorgehäuse aus; Heckrahmen aus Aluminium am Hilfs-Rahmen fixiert, Rad der Triumph Speed Triple, umgedreht, erweitert auf 8 Zoll für 210er-Bereifung

BODYWORK
Sämtliche Verkleidungsteile aus Polyester nach Maßanfertigung, Sitzhöcker auf Karbon-Abdeckung; Scheinwerfer Suzuki Bandit 600, modifiziert, mit Ringen aus Aluminium, poliert

SONSTIGES
Getriebeabdeckung, Kettenritzelabdeckung, Kettenradträger, Eigenanfertigungen aus Aluminium; Fußrastenanlage teils Serie, Halteplatten und Deko Maßanfertigungen aus Aluminium

RADSTAND
1.430 mm

GEWICHT
unter 200 kg

WERT
31.000 Euro auf Basis einer neuen Maschine

***Abb. 1:** Viel mehr braucht es nicht, um diese Maschine zu dirigieren.*
***Abb. 2:** Der V2-Motor wirkt leicht und sehr agil.*

des monumentalen Triebwerks. Dazu der tiefdunkelrote feudale Glanzlack, wie ihn auch der edle Korpus einer adligen Gibson-SG-Gitarre hat. Eine Maschine, der man glatt hörig werden könnte. Like music was my first love … Ein Chanson wie mit Ewigkeitsanspruch!

1
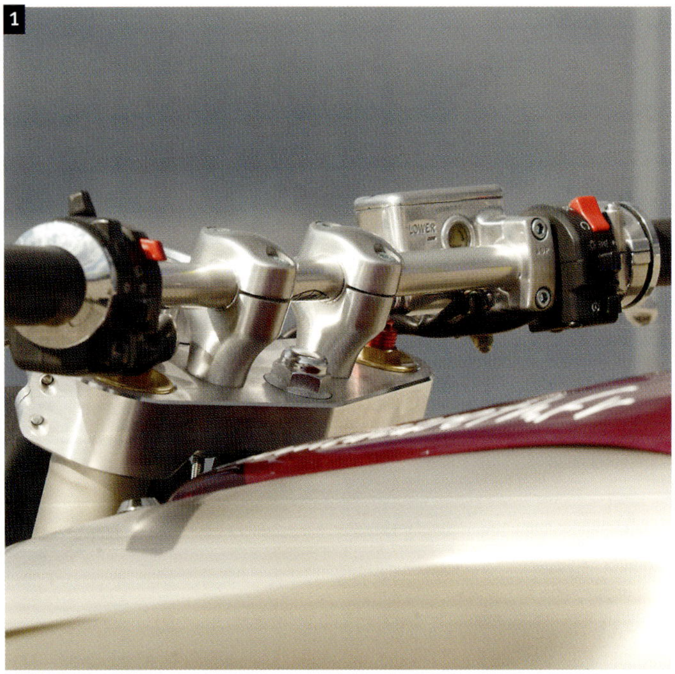

2

HONDA

SPONDON

Kunst am englischen Rahmen

Blaue Stunde

Ein edles Rahmen-Geschmeide der Angelsachsen erobert die „Continentals“. Die Nordeuropäer erfinden dazu das passende Styling in Blau.

HESA Spondon Honda CBR 900 RR

HESA EGO von Karsten Henkel, Kierspe

Quantensprung

Die HESA-EGO wirkt wie von einem anderen Stern. Ein Vorbote zukünftiger SF-Bikes, dazu gedacht, heutige Bikes auf der Straße das Fürchten zu lehren.

Von völliger Ablehnung bis zur abgöttischen Verehrung – die komplette Bandbreite der Meinungsäußerung widerfuhr mir schon bei ihrem Debüt im Frühjahr 1998 auf der IMOT in München“, so schildert Karsten Henkel, Eigner der Meinerzhagener Firma HESA Motorsport, die Begegnungen seiner spacigen EGO mit den staunenden Erdenmenschen. „Diese Kreation bedeutet für mich die erhabene Steigerung meiner Idee zur im Heck integrierten Abgasentsorgung und den Einsatz

einer formschönen Einarmigen.“ Mit jenen Attributen übte der Avantgardist zunächst Anfang der neunziger Jahre an einer Yamaha FZR 1000. Als Basistrack animierte ihn dann der Aluminiumrahmen und die rasant gebogene Schwinge der englischen Firma Spondon, seine Komposition endlich konkret anzugehen. Und sind wir gerade bei Jahreszahlen, so nennen wir die zwei vorangegangenen als intensive Produktionsphase. Parallel zum werktäglichen Bemühen um die Krone(n) der Kunden geriet der fast manische Zwang nach außergewöhnlicher Garnierung des britischen Rohrgeflechts so manches Mal zur tiefen Gemütskrise. Dabei formierte sich das egozentrische Gesicht der EGO noch vergleichsweise unkompliziert zur einzigartigen Lenkerverkleidung.

Die bereits bekannte Kontur einer HESA-Maske variiert nun ein geschmeidig gebogener Aluspoiler über der tiefer eingelassenen MRA-Scheibe in Azurblau. Diesem futuristischen Feature würdig erweist sich die digitale Instrumentierung des Cockpits des englischen Formel-1-Zulieferers Stack. Exakt die stilgerechte Kulisse der exklusiv von RaiRoTec gefrästen Ga-

***Abb. 1:** Adäquate Spondon-Schwinge für den Supersportler Fireblade*

***Abb. 2:** Wie das gesamte Design weisen auch die Kontrollinstrumente von Stack eine futuristische Anmutung auf.*

***Abb. 3:** Der EGO folgten noch viele HESAlinge – hier eine Bandit 1200*

2

3

belbrücken und ihrem Hagen-Lenker mit den oval geformten Blinkern von Kellermann. Die lamellenartigen Schlitze oberhalb der eingefügten Aprilia-Scheinwerfer bestimmen auch die Formgebung des multidimensional aufgebauten Heckbereichs. Hitzeentwicklung im hitzigen Outfit, dezent nach außen mündende Thermik. So stellt sich das diffizile Experiment dar.

Der Geistesarbeiter verzierte den flach geformten HESA-Endschalldämpfer mittels einer Aluminiumabdeckung im Heckaufbau, versah ihn mit dem Gitter-Rücklicht eines Malaguti-Rollers. Diese Sinfonie komplettiert eine fein gewölbte Alu-Blende über der unscheinbaren Austrittsöffnung. Wohlgeformt präsentiert sich auch das zweigeteilte Sitzpolster, fügt sich homogen eine verchromte Aluplatte ins blaue Duell ein. Fast zum Kentern brachte den HESAling der Bugspoiler. „Lange Zeit fehlte mir einfach die Beredsamkeit zur Formensprache." Irgendwann durchfuhr ihn der erlösende Geistesblitz. Die kiemenartigen Ausbuchtungen der Seitenverkleidung animierten ihren Konstrukteur, dieses Stilelement aufzugreifen und danach auch analog für die Hinterradabdeckung zu verwenden.

Extravagant plastische Details unterstreichen förmlich die exklusiv technische Hardware. Rotierende PVM-Ware oder auch mal, wie hier abgebildet von VV-Rädertechnik, wird verzögert durch ein Bremswerkzeug von Beringer. Vorne übernimmt White Power die Arbeit mit den Trägheitsmomenten, Öhlins bietet im hinteren Bereich am Federelement individuelle Einstellmöglichkeiten.

HESA EGO

ERBAUER/BESITZER
Karsten Henkel, HESA Motorsport, Vorth 12, 58566 Kierspe

MOTOR
Honda CBR 900 RR Fireblade, von Christian Mende überarbeitet, ca. 130 PS (95 kW) bei 10.500/min Krümmer von Christian Mende, ab Sammler HESA-Eigenbau, ungeregelter Kat

FAHRWERK
Spondon Aluminium-Gitterrohrrahmen, 40-mm-Rundrohrprofil, hochglanzpoliert; vorne: Upside-Down-Gabel von White Power; ReiRoTec-Gabelbrücken mit Drei- bzw. Vierfachklemmung; hinten: Spondon-Einarm-Schwinge mit Öhlins-Federbein und Umlenkung

RÄDER
VV-Verbundräder,
vorne: 3.50 x 17,
hinten: 6.00 x 17

REIFEN
vorn 120/70 ZR 17,
hinten 190/50 ZR 17 , Pirelli MTR 1/2

BREMSEN
vorne: Doppelscheibenbremse, 320 mm Durchmesser, Beringer Sechsspeichen-Design, Sechs Kolben, mit speziellen Gabel-Adaptern;
hinten: Serie

BODYWORK
HESA Lenkerverkleidung; MRA-Scheibe; STACK Multifunktions-Cockpit, digital; Superbike-Lenker Hagen; Doppelscheinwerfer Aprilia RS 250; Kellermann-Blinker; Rücklicht Malaguti-Roller; Fußrastenanlage mit Exzenter von HESA; verchromter und polierter Batteriekasten, Sitzbank von Beckmann/Bergneustadt, Designentwurf und GfK-Schalen von HESA

LACKIERUNG
Spezial-Blau von Lahme aus Valbert/Mühlhofen

SONSTIGES
Wasserschlauchkrümmung über dem Thermostatdeckel schneckenförmig geschweißt; Spezialanfertigung des Wasserkühlers: Schweitzer; Edelstahlummantelte Versorgungsschläuche

GEWICHT
ca. 175 kg

Abb. 1: Eine HESA in voller Fahrt. Im Blickpunkt: Die Maske mit bis dato nie gekannten Konturen, Aluspoiler und tiefer gelegter Scheibe.

Abb. 2: Traumhafte Schweißnähte neben perfekter Funktionalität wie den voll einstellbaren Rasten

Das Kraftwerk einer Honda CBR 900 RR Fireblade genügte den Ansprüchen auf Grund der homogenen Leistungsentfaltung. Und: „Der Spondon-Rahmen harmoniert perfekt mit dem Honda-Motor – vom Steuerkopf bis zur Schwingenaufnahme.“

Die EGO hat Handlingsvorteile: „Kein ungelenker 200er-Pneu sollte ihre Handhabung erschweren. Eine Sechs-Zoll-Felge mit 190er sorgt hier für ein besseres Ansprechverhalten. Der Motor muss unbedingt vor Leistung schäumen. Trotzdem wird der Honda-Tuner Christian Mende Hand anlegen dürfen.“ Mit diesem Modell setzt sich Karsten Henkel ein eigenes Denkmal im Motorradbau. „Wir alle wollen uns mal als Individuum outen, Held sein für einen Tag.“ Da erscheint die egoistische Namensfindung nur als folgerichtiger Akt.

Abb. 3: Exklusive Formensprache bis unter die Kiemen des Hecks. Hinzu kommt eine dieses Superbikes würdige und nahezu unsichtbare Emissions-Führung.

Spondon Honda CBR 900 RR

von Sigrid Müller

Bühnenreif: Grimmige bis feine Gesichtszüge vermitteln unbeugsamen Willen als Lebensprinzip

Ray of Light

Unbändiges Verlangen bewegte Sirgrid Müller dazu, sich für ihre Honda ein extremes Design einfallen zu lassen.

Madonna ist der Inbegriff weiblichen Charmes in der harten Welt des Showbusiness. Nicht erst seit Evita. Unbeirrbar verfolgt sie ihre Ziele, arbeitet intensiv über die Schmerzgrenze hinaus und fordert dies auch von ihren Mitstreitern. Aber sie ist nur eine von vielen Vertreterinnen ihrer Art. Unbeugsamer Wille als Lebensprinzip. Dafür benötigen andere nicht immer das Rampenlicht der Bühne.

„Wenn sie nur den dritten Platz im Ladies Cup erreichte, dann durfte man sie nicht mehr ansprechen. Echt knurrig war die dann". Der das erzählt ist Wolli, der mit seiner Sigi nun schon zwölf Jahre zusammen lebt. *Substitutes of love*, die beiden. Sie fahren nicht nur gemeinsam Motorradrennen...

„Schon im ersten Sprint hat sie mich da wie nichts stehen lassen *Faster than the speeding light.*" Ihrer täglichen Arbeit gehen sie zusammen im eigenen Laden nach. Aber ganz anders als in der üblichen Fasson: Er schreibt, sie schraubt. Kein Problem für den Wolli. Höchstens mal für neue Kunden, wenn sie sich nach einem Motorradumbau erkundigen und nicht von ihm sondern von ihr beraten werden. Doch da steht Sigi genauso drüber wie ihr geliebter Kompagnon. Nur, die Rennerei haben beide im letzten Jahr aus Zeitmangel erst mal drangegeben.

Aber Sigi verwirklichte nun ihren intensivsten Traum. *Never forget how to dream*: „Beim Streetfighters-Treffen 1997 in Gescher sah ich ihn das erste Mal live - einen Spondon-Rahmen. *This is my religion*. Ich war sofort infiziert." Nach ersten Erkundigungen folgte die Ernüchterung: Der Preis war zu hoch, die Lieferzeit viel zu lang. Resultat: Das Projekt wurde gleich wieder ad acta gelegt. Doch die Sehnsucht glühte weiter, brannte sich immer tiefer in die Seele ein.

Never surrender! Auf der Dortmunder Motorrad-Messe 1998 lieferte das Duo seinen YZF-Umbau an den Streetfighters-Stand. Der Weg dorthin führte vorbei an anderen Ausstellern. Da fiel ihr Blick auf einen grotesk präsentierten Aluminiumrahmen. Sofort brach die tief schlummernde Begierde wieder durch. Nicht mehr locker ließ sie die Sucht nach dem edlen englischen Geschmeide. Der Deal wurde gleich an Ort und Stelle erledigt. Sigi schleppte auch direkt noch ein paar Zubehörteile mit nach Hause, wo bereits der CBR 900 RR-Motor auf seine wahre Bestimmung wartete. *Sky fits heaven so fly it.* Aber ganze vier Jahreszeiten

Abb. 1: Der Spondon-Rahmen bietet eine optimale Basis für die CBR.
Abb. 2: Spiegelbild der Eiligkeiten – dieses Heck siehst du, einmal in Bewegung, nur ganz kurze Zeit.
Abb. 3: Insignien aus der Unterwelt. Dieses Airbrush-Design ziert den Tank.

mussten sich erst abwechseln im Orbit, alle Tierkreiszeichen einmal passieren, bevor die Schöpfung zum ersten Mal in die Tiefe des Raums vordringen konnte.

Bis dahin hieß es allerdings noch sehr häufig: Frauen am Rande des Nervenzusammenbruchs... der monolithische Klangkörper des FireBlade Triebwerkes sollte ein gehöriges Quantum an Kunststoff-Versiegelung erhalten. Jedoch einen banal lackierten Block erhielt die geschockte Sigi zurück. Erst die Richter sorgten für Recht. Schmerzensgeld, sozusagen. *Never look back!* Die Odyssee hatte noch lange kein Ende. Zwar stellten sich nicht gerade Zyklopen in ihren Weg. Da gab es aber nur die Gabel einer YZF 750 SP, die sich so gar nicht im Durchmesser mit den Big-Bike-Gabelbrücken vertrug. Fräsen, aufspindeln, alles klar! Bahn frei für die Spiegler Grauguss-Bremsscheiben und die Sechs-Kolben-Zange. Anders verhielt es sich mit den Yamaha-Rädern. Ein Werkzeugbau fuhr in seinen Spätschichten ein Sonderprogramm zum Thema: Spondon in Not. Endlich fand das außermittig laufende Hinterrad seine Heimat wohl platziert in der Schwinge. Alle Teile kamen tatsächlich bis auf die letzte Schraube wieder zurück an ihren alten Platz. *Like I just got home.* Konische Auspuffkrümmer ließen sich auch tatsächlich mit der Heckauspuffanlage verbinden. Ein trapezförmiger Kühler wurde nach Zeichnung gefertigt und fügte sich auf Anhieb ins Geschehen ein. So vermied man das fast schon obligatorische Labyrinth beim Verlegen des Kühlerschlauchs: Die Jungs von HESA standen Pate bei der schon mehrfach bewährten Kühlerschnecke.

Am Ende stellte sich nur noch eine Frage: Wer gibt den amtlichen Segen? *I traveled round the world.* Nach einigen erfolglosen Versuchen führte sie ihr Weg bis nach Lübeck. Doch die Reise war von Erfolg gekrönt. *I never felt so happy!*

Zitate: *Madonna, Ray Of Light*

Spondon Honda CBR 900 RR

BESITZERIN
Sigrid Müller, MGM Motorräder Gebrauchtteile Müller, Marsberg-Meerhof, Deutschland

MOTOR/BASIS
Honda CBR 900 RR Fireblade
Auspuff: Einzelanfertigung, konische Krümmer von Scorpion (Rennsport)

RAHMEN
Spondon Aluminium Gitterrohr

FRONT
Gabel Yamaha YZF 750 SP; Superbike-Lenker Spiegler, blau eloxiert; Gabelbrücken Big Bike; DE-Scheinwerfer und Maske Sonderanfertigung von MGM, verchromt bzw. eloxiert; Kellermann Blinker; Digital-Tacho, Schutzblech MGM-Anfertigung

HECK
Höcker Ducati 916, modifiziert von MGM, Öhlins Federbein

BREMSEN
vorne: Spiegler Grauguss-Scheiben, 6 Kolben; Brembo Handbremspumpe, Radial 19 mm, Stahlflex

FUSSRASTENANLAGE
RaiRoTec, Halterung Eigenbau

RÄDER
Yamaha-YZF 750 SP-Felgen

REIFEN
Pirelli Dragon
vorne: 120/70 ZR 17,
hinten: 180/55 ZR 17,

SONSTIGES
Alu-Kühler, trapezförmig, Sonderanfertigung, Kühlerschnecke designed by HESA-Motorsport, Meinerzhagen; Kabelbaum gekürzt; Luftfilterkasten angepasst – ohne Ende Nerven und Gehirnschmalz!

GEWICHT
190 kg (laut Genossenschaftswaage von 1965!)

Spondon Honda CBR 900 RR Fireblade

von Wolly Gerlach

Im Sonnenlicht glänzt viel freigelegter Stahl, dergestalt wirken die Straßenkämpfer mild wie Milch. Denn das Leben ist schon hart genug.

EPITAPH

Kein Mitleid für die Mehrheit! Straßenkämpfer Wolly Gerlach zeigt sein Mitgefühl erst am Grabmal – Erkenntnisse, wie in Stein gemeißelt!

Geburt – Arbeit – Tod ... Ist das schon alles? Hielt dich sonst nur deine Lebensversicherung vom Sterben ab? Hast du geglaubt, du gewinnst an Lebensdauer durch Geräuscharmut? Oder wenn du dich Gott behüt! bloß nicht mit einem bösen Streetfighter anlegst? Asche zu Asche, Staub zu Staub!

Allein viel freigelegter Stahl nimmt einer Honda CBR Fireblade noch lange nicht die Beisskörbe ab. Das Ende der Todesangst erreichst du, indem du den Reaktor gleich in einen verschlusssicheren Spondon-Gitter-Rohrrahmen einsperrst – wenn du es schon nicht lassen kannst, ohne Netz, doppelten Boden und Schutzschildern zu reisen.

Körper und Geist unter Speedhochdruck in Gleichklang zu bringen, ohne dich akuter Lebensgefahr auszusetzen, bleibt eh nur den mental gefestigten vorbehalten. Etwaige Gabeln als Weichteile scheiden da vorn vornherein aus. Bewährt hat sich das Teil aus der gut erhaltenen 750er-W von Suzuki.

Die Stunden, die du als Geschoss verbringst, vertraust du dich den stabilen Moko-Gabelbrücken über dem Rad aus der 1100er im festen Glauben an, weil du alles zuvor akkurat in deiner Privat-Gruft modifiziert hast. Wandelt dich erst wie von höheren Mächten geleitet die gefühlsmäßige Hitze zum Kurvenglüher, so fühlst du deinen Körper nicht und auch keine Sinne mehr, bestehst nur noch aus Geist, voll-

Wolly Gerlach bewohnt mit Partnerin Siggi Müller ein Siedlungshäuschen mit angebauter Werkstatt in Marsberg bei Paderborn. Der ausgebildete Kfz-Schlosser und Siggi als Zerspanungsmechanikerin und Werbetechnikerin spezialisierten sich auf die Eigenanfertigung und Beschaffung von Teilen für den Motorradumbau. Insbesondere ordert die Crew mit Leidenschaft den englischen Spondon-Aluminium-Rahmen. Sie betreiben einen Gebrauchtteilehandel und den Ankauf von Unfallmaschinen. Des Weiteren sind bei den beiden diverse Komponenten erhältlich, wie Höcker, Lampenmasken, Schutzbleche, Bugspoiler, Scheinwerfer, Rücklichter, Stahlflexleitungen, Helme, Moosgummiplatten, Hitzeschutzmatten, Edelstahlrohr und Bögen für den Auspuffbau. Polierarbeiten übernehmen die beiden ebenso wie andere Tätigkeiten für den akkuraten Streetfighter-Aufbau.

Eine der ersten aus der Spondon-Fireblade-Familie, noch frisch im Feld

Wollys Spondon erhielt ein deutlich modifiziertes Fahrwerk.

gepumpt mit Endorphinen und beseelt von den akustischen Freuden aus dem Akrapovic-Rohrgewitter.
Ein eisernes Lächeln aufgesetzt und die PVM-Felge dreht völlig mitgerissen am Antriebsstrang. Streng und stählern hält die Spondon-Schwinge dagegen. Wertvolle Öhlins-Federelemente widerstehen jeglicher noch so gemeinen Abwehrbewegung. Weicht der Kontrollschmerz in den Handgelenken nach präzise eingeleiteten Bremsmanövern mit der Tokico-Compilation, dann erst lichtet sich der rote Blutschleier vor deinen Augen. Doch siehst Du erst dort das Weiße blitzen, kommt für dich Reue und aller Rat zu spät."

Mental gefestigt im Spondon-Gitter-Werk, der Fireblade-Reaktor

Spondon Honda CBR 900 RR Fireblade

ERBAUER/BESITZER
Wolly Gerlach (und Siggi Müller), MGM **M**otorräder **G**ebrauchtteile **M**üller, Marsberg-Meerhof, Deutschland
Internet: www.MGM-Bikes.de

MOTOR/BASIS
Honda CBR 900 RR;
Auspuff: Konische Edelstahl-Krümmer Akrapovic; Heck-Auspuff Spezialanfertigung mit TÜV

RAHMEN
Spondon Aluminium Gitterrohr

FRONT
Lenker Fehling, Lampenmaske MGM-Bikes-Eigenbau; Gabelbrücken MOKO, modifiziert; Kellermann Lenkerblinker, Tellert Digitaltacho; Vorderradgabel Suzuki GSX-R 750 W; Schutzblech MGM-Eigenanfertigung; Lenkkopflager Spezialanfertigung von Emil Schwarz

HECK
Höcker MGM-Bikes; Öhlins Federbein mit Höhenverstellung

BREMSEN
Lucas Stahlflexleitungen vorne und hinten; gefräster Bremsflüssigkeitsbehälter hinten, 6-Kolben-Zangen, Spiegler Grauguss-Bremsscheiben, Brembo Bremszange hinten, 19er-Brembo-Radialhandbremspumpe

FUSSRASTENANLAGE
Lucas, Rastenaufnahme Sonderanfertigung

RÄDER
vorne: Felge GSX-R 1100, 3,5";
hinten: PVM-Magnesium Felge 6,25"

REIFEN
Dunlop D 208;
vorne: 120/70 ZR 17 ;
hinten: 200/50 ZR 17

SONSTIGES
Alarmanlage; RR-Öltemperaturgeber; Alu-Wasserkühler, trapezförmig; Alu-Rahmenstopfen

LACKIERUNG
vom Airbrusher Micha, Hannover,

EGLI

ROADTEC Z6

EGLI RACING

Schweizer Präzision am Zentralrohrrahmen

EGLI: Zeitlos! Kompromisslos!

„Motorräder wie auf Schienen" zu bauen ist der Slogan, mit denen ein innovatives Chassis helvetischen Ursprungs seinen Siegeszug um die Welt antrat. Auf deutscher Seite werden dafür seit über zwei Dekaden ebenso die Gleise gestellt.

EGLI Honda 1100

von Michael Niemann

Stilvolles Vollstrecken im Dienste traditionellen Glaubens an die Geschwindigkeiten.

Zeitzeugen

Historische Transparenz aus dem Blickwinkel der Jetztzeit

Diese EGLI-Honda ist ein Kraftrad, das uns das ganze Panorama einer vergangenen Epoche präsentiert, aber zusätzlich ausstaffiert mit einem Kraftwerk und den Attitüden der neuzeitlichen Technologien. Der Umgang mit diesem historischen Erbe will gelernt und in Würden und mit Sachverstand begangen werden. Was sich so ernst anhört, bereitet dem Iserlohner Michael Niemann schon über weit mehr als zwei Dekaden eine beglückende Gaudi mit Hingabe und Passion. Seine Werkstatt in einem über ein Jahrhundert alten Gebäude dient quasi als Dokumentationszentrum für die Schweizer Fahrzeug-Philosophie des Fritz Walter Egli. Denn die speziellen Zentralrohr-Rahmen, die der Präzisionsfanatiker ehedem im Schweizer Kanton Aargau erfand, werden in Bettwil auch heute noch und ganz offiziell auf deutschem Terrain erstellt.

Tragwerkslehre

Egli entwickelte dereinst auf Basis einer schütteren Vincent Black Shadow sein Prinzip des Einrohr-Rahmens aus vernickeltem Präzisionsstahl, weil er es leid war, mit zwar relativ kräftigen Renntriebwerken aber unhaltbaren Fahrwerken an den berüchtigten Bergrennen teilzunehmen. Ein weiteres Indiz des erfinderartigen Talents des mittlerweile 67-Jährigen stellt die immer präsente, fast klobig wirkende Allianz zum vorderen Rad dar, die patentierte EGLI-Telegabel mit zwei zusätzlichen Verbindungsachsen. Der Schriftzug in erhabenen Buchstaben auf den Standrohren beweist dann sowieso ihre Urheberschaft. Neueste Reifen-Technik von Metzeler in Form des Roadtec Z6 an den standesgemäßen Campagnolo-Rädern versteht sich selbstredend. Ebenso wie die zeitgenössische Art der Verzögerung, die Brembo im Komplettpaket werksseitig liefert. So schwergewichtig diese fahrwerksseitigen Ingredienzien auftreten, so leichtbauartig widmet man sich im Hause EGLI und damit auch Michael Niemann dem weiteren Körperbau. Aus Aluminium der Tank, wie sie die Mannen bereits in den rennaktiven Zeiten entwickelten, alle anderen Karosserie-Parts aus zeitgemäßer, wertvoller und federleichter Kohlefaser, edel mit Schnellverschlüssen befestigt. Das kräftige Rot auf allen lackführenden Teilen signalisiert da ebenso

Edle Veglia-Instrumente vor stabilen Schweizer Gabelbrücken

wie das charakteristische Heck mit seinem kantigen Äußeren die nahezu rustikale Handschrift des Schweizers.

Grundbau

Auch dem gezielten Motor-Tuning gehört seine Leidenschaft. Deshalb finden sich unter dem steifen Zentralrohr auch immer wahre Prachtpakete von Triebwerken. In diesem Fall forderte der Besitzer den stämmigen 1100er-Motor von Honda ein. Leistung, die kein Auge trocke lässt. Im Basis-Gehäuse eines CB 1100 R-Aggregats werkeln nun Arias-Schmiedekolben in einem auf 1.122 ccm erweitertem Hubraum, verdichten das Gemisch auf 11,3:1 und vollstrecken in dieser Konstellation mit erleichterter Kurbelwelle, feingewuchteten Carrillo-Pleuel und einem überarbeiteten Zylinderkopf mit RSC-Ventilen konsequent mit 135 Pferdestärken auf jeder Rennstrecke. RSC liefert dazu das Renngetriebe und die Trockenkupplung mit charakteristischer Soundkulisse, hydraulisch betätigt mit einer Brembo-Kupplungspumpe. Von Ducati kommt die Lichtmaschine. Mit dieser Formation überwindet der Fahrer bereits jetzt mühelos sein ganz eigenes Raum-Zeit-Kontinuum. In dieser Kombination gaukelt die Maschine dem Ahnungslosen beinahe musealen Charakter vor, pulverisiert jedoch so manchen überraschten Eid- oder auch Zeitgenossen völlig unabhängig vom Ablauf jeglichen Haltbarkeitsdatums.

Abb. 1: Rustikale Handschrift, kombiniert mit kräftigem Triebwerk und neuesten Technologien. Cave canem!

Abb. 2: Synonym für kraftvolles Zubeißen: Mächtig viel Hubraum zuverlässigen Maschinenbaus im unerschütterlichen Zentralrohrrahmen.

EGLI – Honda 1100

ERBAUER
EGLI-Racing, Michael Niemann,
Obere Mühle 28, 58644 Iserlohn

BASIS
EH – 9 C 1100 R

MOTOR
Honda CB 1100 R mit ARIAS-Schmiedekolben und 1.122 ccm Hubraum; Verdichtung 11,3:1; Kurbelwelle erleichtert und feingewuchtet; CARRILLO Pleuel; Zylinderkopf überarbeitet mit RSC Ventilen; Leistung ca. 135 PS; RSC Renngetriebe; RSC Trockenkupplung, hydraulisch betätigt mit BREMBO Kupplungspumpe Durchmesser 16 mm radial, gefräst; DUCATI Racing Lichtmaschine; Keihin-FCR 37-Vergaser; Auspuffanlage EGLI 4-2-1 aus Edelstahl

FAHRWERK
GLI-Zentralrohrrahmen, Rahmen und Schwinge komplett vernickelt; EGLI-Racing-Gabel Durchmesser 38 mm; Federweg 145 mm; Zentralfederbein hinten, Zug- und Druckstufe variabel einstellbar, Federweg 120 mm

RADSTAND
1.460 mm

BREMSANLAGE
vorne: Brembo-4-Kolben-Racing-Zangen mit gelochten Bremsscheiben von Brembo (Durchmesser 320 mm); gefräste Handpumpe der Marke Brembo (Durchmesser 19 mm); hinten: Brembo-Racing-2-Kolben-Bremszange gefräst, mit Brembo-Bremsscheibe (Durchmesser 220 mm)

RÄDER
EGLI Campagnolo
vorne: 3,0" x 17"
hinten: 4,5" x 18"

REIFEN
METZELER Roadtec Z 6
vorne: 110/70 ZR 17
hinten: 160/60 ZR 18

BODYWORK
EGLI-Alutank Typ EH – 9C; alle sonstigen Teile bestehen aus Kohlefaser; Verkleidung und Sitzbank sind mit Schnellverschlüssen am Rahmen befestigt; fast alle Schrauben der Maschinen bestehen aus Titan oder Alu; Titan-Achsen etc.

GEWICHT
165 kg

EGLI Ducati

von Michael Niemann

Elitärer edler Adel

Ducati-Königswelle trifft auf Schweizer EGLI-Adel

Bis heute wird der Zentralrohrrahmen von Fritz Walter Egli immer wieder gerne aufgegriffen. Aber auch andere Motorradschmieden sind keine Kostverächter: Man sehe sich nur mal die ähnlich gemeinte, Rückgrat-bildende Konstruktion der fernöstlichen Kopieranstalt in Form einer Honda Hornet. Oder all die von Rau komponierten Werke, die in dasselbe Alphorn blasen. Eine Intention, die damals wie heute gilt, vertritt im Sinne vom guten alten Egli sein von ihm ausgebildeter Adlatus auf deutschem Boden, Michael Niemann. Denn, zum bekannt tadellos funktionierenden Rahmen stets die neuesten Technologien im Motorradbau zu addieren, ist die Maxime. Da harmoniert schon mal eine AP-Racing-Bremsanlage mit dem Rad, das die fast klobig wirkende Egli-Vorderradgabel hält. Oder wie hier brandaktuell, wenn Brembo dem neuesten Pirelli Dragon Einhalt gebietet.

Stillstand im Denken bedeutet ja bekanntlich den Tod. Nicht so für den Schweizer, auch nicht für seinen fanatischen Nacheiferer. Wie alles begann: „Zwischen Abitur und Zivildienst schob ich Nachtschichten für eine Egli Honda CB 750. Über die hatte ich in einem Testbericht gelesen. Seitdem stand fest, dass ich die ha-

Das Fahrwerk ist in Geometrie und Auslegung durchaus den heutigen Anforderungen gewachsen.

ben muss. Im ersten Jahr benutzte ich das Motorrad täglich, legte über 50.000 km zurück. Bis sie mir geklaut wurde. Danach war erst mal Pause." Während seines Maschinenbaustudiums erfüllte sich Michael in den frühen 80er-Jahren seinen innigen Wunsch, EGLI wieder nahe zu kommen, indem er seine Lehrjahre beim Meister verbrachte. „Für den Schweizer, der seine Laufbahn als Feinmechaniker startete, baute ich schon einige Zeit vorher die Tanks, die er auch für seine Rennmaschinen benötigte." Zeitgleich mit der Rückkehr Michaels in seine Heimat, sattelte der deutsche Importeur Kraft um auf Bimota und machte damit den Weg frei für ihn. In der Edelschmiede wurde, wie im Schweizer Mutterhaus, in Handarbeit nach den Vorgaben der Kundschaft gefertigt.

Natürlich sind die Stückzahlen seit den betriebsamen 70er- und 80er-Jahren zurückgegangen. Ein Teil der Rahmen wird aber nach wie vor hier gebaut. Motortuning gehörte schon traditionell bei EGLI dazu. Der Schweizer spezialisierte sich inzwischen auf die Einzylinder von MuZ. „Die Geräuschbeschränkungen in Deutschland verhindern den innovativen Motorradbau im Zentralrohr-Chassis. Lärmrestriktionen verunstalten Motorräder durch riesige Luftfilterkästen, unhörbare Motoren, zugestopfte Auspuffrohre. Ich will die Maschine aber sehen und hören."

Andere würden die auf der Basis einer Ducati 900 SS des Baujahrs 1981 kreierten EGLI einem Devotionalienschrein widmen. „Nach wie vor bewege ich die Maschine mit Begeisterung und ausgeprägtem Kurvenhunger. Nur zum Hochpreisen ist sie aber viel zu schade." Mächtig andrückend, kernig fordernd, so fühlt man die Bestimmung des Motors. Aus der Komposition von Mahle-Kolben und nikasilbeschichteten Zylindern, größeren Ventilen, größerer Bohrung und feinfühliger Bearbeitung der Kanäle lässt es sich bestens den Asphalt verbrennen. Mit Feracci-Nockenwellen, einem geänderten Ölkreislauf und überarbeiteten Carillo-Pleuel arbeitet sich der Motor mit 90 PS bei 8.000 Umdrehungen durchs Revier. Und das alles in einem unerschütterlich hochwertigen Fahrwerk, dessen Firmenname nicht nur in erhabenen Buchstaben auf der stabilen Vorderradgabel prangt.

„Ich vermisse heute so etwas wie Wertbeständigkeit. Sieh dir mal die Ausstellung im Guggenheim-Museum an. Eine Florett von Kreidler gehört einfach dazu, auch wenn andere die Nase darüber rümpfen. Oder hör dir mal eine alte MV Agusta an –da läuft dir ein Schauer den Rücken runter. So eine Hayabusa ist ein perfektes Motorrad, aber es wird

Wer ist Egli, Fritz Walter ?

Der Schweizer Fritz W. Egli, mittlerweile 62 Jahre alt, bekam als enthusiastischer Motorradmaniac während seiner Lehrzeit zum Feinmechaniker eine Vincent Black Shadow geschenkt, die Chance, sich eingehend mit der Maschine als Kind dieser Zeit zu befassen. Mitte der 60er-Jahre, seine eigentliche Berufung fühlend, wechselte er vom gut situierten Angestellten zum selbständigen Werkstattbesitzer. Streben nach Perfektionismus war und ist nur eine Zielsetzung., die permanente Suche nach Leistung eine weitere. Seine Rennlaufbahn brachte zusätzliche Erkenntnisse über grundlegendes Wissen im Fahrwerksbau. Basierend auf dem Vincent-Modell entwickelte er den Zentralrohrrahmen aus einem 100 Millimeter starken, glänzend vernickelten Präzisionsstahlrohr, an das er ein Dreieck als Rahmenheck ansetzte. Wie beim Vorbild diente der so gegen Korrosion geschützte Hohlkörper auch als Öltank. Den Motor verband er als mittragendes Bauteil direkt mit dem vorderen Zylinder am Chassis. Eine konventionelle Schwinge mit Stereo-Federbeinen unterschied diese vom Vorgänger. Eine glückliche Fügung ermöglichte Egli 1969 die Teilnahme an einer wichtigen Schweizer Motorradmesse, die für einen sagenhaften Imageboost sorgte. Die Ausstellungsobjekte zeichneten sich schon damals durch Stummellenker, GfK-Tanks und Einmannhöcker aus. Die Rennmaschine warb mit außergewöhnlichen Bremsen und ihren brachialen Verzögerunswerten für sich. Rennerfolge in der Schweizer Bergmeisterschaft sorgten für einen weiteren Verbreitungsgrad seiner technologischen Perfektion. Rahmenkits, die Herstellung kompletter Motorräder nach Kundenwunsch und Tuningmaßnahmen waren und sind bis zum heutigen Tag seine Spezialität. Nur Spitzenerzeugnisse werden verbaut. Verbesserter Kurbeltrieb und dessen Lagerung, schärfere Nockenwellen, hochwertige Kolben, überarbeitete Zylinderköpfe, modifizierte Kupplungen, sind nur einige seiner Einsatzgebiete. Nach den Vincent-Kunden folgten die Japaner. Anfang der 70er-Jahre avancierte die Honda CB 750 zu einem bevorzugten Objekt der schweizerischen Revolution. In der Kawasaki Z 900 fand er ein weiteres ergiebiges Betätigungsfeld. Im Rennsport errangen die Starpiloten Godier/Genoud auf EGLI-Kawasaki große Erfolge. Patentiert wurde die EGLI-Telegabel mit zwei zusätzlichen Verbindungsachsen. Anfang der 90er-Jahre übernahm Egli, seiner Leidenschaft für diese Maschinen folgend, den Import der Enfield India. Heute agiert er als penibler Tuner für die Einzylindermodelle von MuZ, widmet aber auch weiterhin in seinem Streben nach Perfektionismus den Fortschritten in der technologischen Entwicklung seine ganz Aufmerksamkeit.

Instrumente als Sonderanfertigung von Veglia mit der Drehzahlmessernadel rechts am Nullpunkt und Ausschlag nach links oben. Nickel-Glanz am Zentralrohr.

Nur 170 kg wiegt die 900. Sicherlich nicht zuletzt deshalb, weil sie, wo immer das möglich ist, nur aus Löchern besteht.

Conti-Fanfaren trompeten auch durch deutsche Lande, moderater aber als Schweizer Alphörner. Der Reiter dieser EGLI-Ducati betreut um die 800 dieser Geschosse allein in Deutschland.

kaum echte Emotionen wecken können. Das ist so als packte man sich eine Rolex auf den Arm um das Bankkonto zur Schau zu stellen.“ Eine veredelnde, aber nicht prahlerische Ausstattung dieser Egli-Ducati erfolgte durch die Verwendung von Kohlefaser-Karosserieteilen. „Sämtliche althergebrachten Formen produzieren wir heute in diesem leichten Werkstoff. Eine Innovation hat also auch auf diesem Gebiet Linie stattgefunden.“ Heutzutage betreut der Vertreter der Schweizer Tradition in seiner Werkstatt über 800 eingefleischte Egli-Fans. Dem Original angelehnt, aber immer auf der Suche nach Verbesserungen.

EGLI Ducati 900 SS

ERBAUER/BESITZER
EGLI-Racing, Michael Niemann, Obere Mühle 28, Iserlohn

BASIS
Ducati 900 SS, Bj. '81

MOTOR
Hubraum 864 ccm; Bohrung 90 mm (Serie 86 mm), mit Mahle Kolben und Nikasil-Zylindern; größere Ventile; Feracci-Nockenwellen; Kanalbearbeitung; geänderter Ölkreislauf; überarbeitete Kurbelwelle mit Carillo-Pleuel; Leistung ca. 90 PS bei 8.000 U/min; 41er-Dell'Orto-Vergaser; Auspuffanlage Sonderanfertigung mit Vorschalldämpfer und geänderten Conti-Endrohren

FAHRWERK
Zentralrohrrahmen; Rahmen und Schwinge vernickelt; EGLI-Racing-Gabel, 38 mm Durchmesser, Standrohre beschichtet, mit Zugstufenverstellung der Dämpfung, Federweg 145 mm; Zentralfederbein hinten, Zug- und Druckstufe einstellbar, Federweg 120 mm

BREMSANLAGE
vorne: Brembo-4-Kolben-Racing-Zangen mit Brembo-Bremsscheiben (Durchmesser 300 mm);
hinten: Brembo-P 05 Oro; Brembo-Bremsscheibe (Durchmesser 230 mm)

RÄDER
Egli Campagnolo;
vorne: 3,5 x 16 Zoll,
hinten 5,5 x 17 Zoll

REIFEN
Pirelli Dragon EVO;
vorne: 130/70 ZR 16,
hinten: 180/55 ZR 17

BODYWORK
EGLI-Alutank, Typ ED-9-C, poliert, alle sonstigen Teile aus GfK/Kevlar, Verkleidung und Sitzbank mit Schnellverschlüssen befestigt,; VEglia-Competizione-Instrumentierung

GEWICHT
170 kg

HONDA CBR 900

„Blade Bizarre“ von Jens Krüger

Mystischer Shocker

Urviech, Reptil, Chamäleon? Egal: Kultiviert das Tier! Aber wer sagt hier, dass diese Kreatur nicht menschlichen Ursprungs ist?

Kommod geht anders: Sinnbildliche Leidensfähigkeit. Dennoch, würdiger denn jeder noch so weiche Bürosessel.

lötete. Diese sehr spezielle LED-Lightshow stellt sogar zeitweilig die heißen Striptease-Shows ganzer Streetfighter-Festivals in den Schatten.

Tagsüber glänzt das wilde Viech mit dem garstigen Blick und den stilisierten Rippenbögen überm polierten Rahmen durch die immens aufwändige Airbrush-Lackierung, die den gesamten Körper bis in die kleinste Faser umschließt, ob Jochbein oder Federbein.

„Doppelpack“-Airbrush zeichnet dafür professionell verantwortlich, die Firma, die aus den beiden Künstlern mit demselben Vornamen besteht. Thomas überwacht mit Argus-Augen die Fotosession in der Bremer Industriehafenanlage, erzählt von der Mitarbeit des Bankers, der seine eigenen Airbrush-Fähigkeiten zugunsten des Projekts zurückstellte, sich auf die Unterlegung der Lackierung durch hauchfeines Blattsilber beschränkte. Im Licht der untergehenden Sonne schimmert der Körper der gefährlich wirkenden Kreatur in allen Nuancen, wechselt die Farben je nach Lichteinfall wie ein Chamäleon, wechselwarm wie ein Reptil, bös dreinschauend wie eine Verbrennungskraftmaschine mit den phänotypischen Genen einer Chimäre aus der Urzeit.

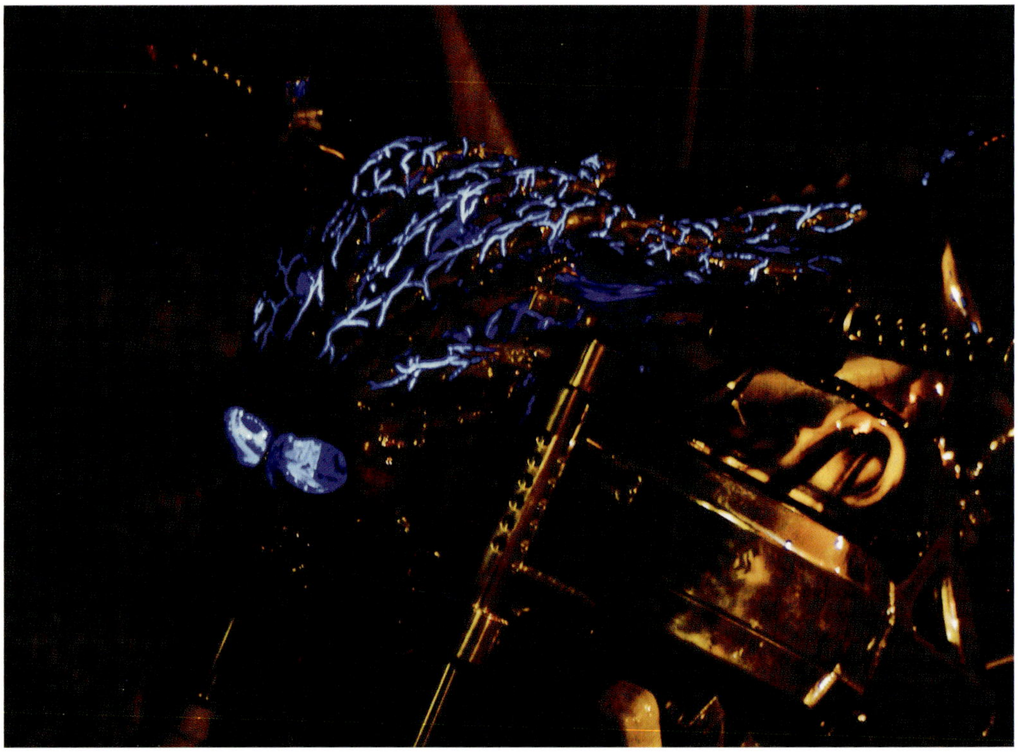

Erleuchtung und optischer Trick: Über 200 LED-Lichter machen diese Blade voll Geisterbahn-fähig.

Allianz des Grauens: Hinter diesen Rippen schlägt das Maschinenherz der Fireblade. Oder gar ein menschliches?

Dämonischer Höhepunkt pathologischer Auswirkungen: Maschine wird Mensch – oder war es umgekehrt?

Symphonie des Schreckens: Die bizarre Skulptur scheint wie eine skurille Ausgeburt der Hölle.

TOKICO

HONDA X 4

von Mario Dörrschmidt

MUSCLE-TYPE

Was ist, wenn der Verstand siegt, das Gefühl aber auf der Strecke bleibt? Ein Optik-Freak probiert etwas Neues, will aber zurück zu seinen Wurzeln.

SUZUKI GSX-R

von Kris Motos Pièces

Der Wunscherfüller

Schmaler Hintern, breite Schultern, darauf schauen die Frauen. KMP-Gixer mit französischem Charme. Ein Franzose weiß, was Frauen wollen und baut Suzuki-Maschinen für harte Männer.

Kris verlieh dem Sport-Hardbody seiner Suzuki GSX-R die Schärfe und Präzision einer Speedmachine.

Bereitwillig nimmt die spanische Fernsehmoderatorin Platz auf dem edlen Alacantara-Stöffchen des ach so kleinen Sitzhöckers, fährt sich noch mal mit zarten Händen durch die blonde Wuschelmähne und greift dann hochkonzentriert zum Mikro. Showtime! Die Paris Tuning Show auf der Air-Base bei Le Bourget öffnet zum sechsten Mal ihre Pforten. Kris von KMP nutzte die Gunst der Stunde, bockte die violett-goldene GSX-R auf den Motorständer und bietet der schlanken Blondine damit die geeignete Repräsentationsfläche für ihre charmante Ansage. Da schnalzt die Zunge, schnaubt mental der spanische Stier im Hintergrund, weht über allem die französische Trikolore der Freiheit, Gleichheit, Brüderlichkeit. Nicht gerade typisch für die Customer-Szene unserer Landesnachbarn ist das Leistungspaket Suzuki, gilt sie doch eher als Abräumer der englischen und deutschen Straßenkämpfer-Gilde. Aber der 32-Jährige aus Ormesson widmet seine ganze Passion den Aggregaten aus Hamamatsu, beschafft dir alles Wünschenswerte für GSX-R-Modelle jeglicher Hubräume ab dem Baujahr 1985. Seit zwei Jahren führt er seinen eigenen Laden und kann damit seiner Kreativität freien Lauf lassen. Hell lodert der Ehrgeiz, wenn es darum geht, dem Sport-Hardbody die Schärfe und Präzision einer echten Speedmachine zu verleihen.

Den Motor als treibendes Element erfrischt er mit K&N-Filtern, stülpt starke Schulterpartien über einer mächtigen Kühlerfront in den Wind Frankreichs. Zwei Schnelltankverschlüsse am Alu-Tank weisen nachdrücklich auf hohen Energiebedarf für superschnelle Zeiten hin. Dem kleinen Hintern hinter schlanker Hüfte zollt Kris Tribut mit dem selbst konstruierten Heckrahmen. Klar aufs Wesentliche reduziert. Ebenso wie die Radträgereinheit, die er per RC45-Schwinge edel unter den Alcantara-Sitz ins System fädelt. Eigene Umlenkung am wertvollen Öhlins-Federelement inklusive. Wer wundert sich da noch über die galante Fußrastenanlage im güldenen Fräslook von Gilles Tooling? Dem Kraftpaket schwebendleichte Titan-Krümmer untergeschnallt, die auf kürzestem Weg in zwei Edelstahlröhren noch vor dem Hinterrad enden und schon lässt sich's im tiefen Kurvengrund mal beherzt und radial in die robusten Waving-Bremsscheiben beißen. Wenn's denn sein muss! Ansonsten gilt haltloses Anrauchen auf wehrlosem Asphalt.

Abb. 1: Kraftpaket aus Hamamatsu, erfrischt durch K&N-Filter.

Abb. 2: Waving-Bremsscheiben sorgen für optimale Verzögerung.

1

2

GSX-R 1000

BESITZER/ERBAUER
Kris Motos Pièces, KMP,
41 Rte de Provins,
94490 ORMESSON / MARNE,
Fon : +33/(0)1 49 62 60 04,
Fax: +33/ (0)1 49 62 59 14, Mail :
KMP94@AOL.com, Site : www.KMP.fr.fm

RAHMEN
GSX-R 1000, poliert, Heckrahmen neu gebaut

MOTOR
GSX-R 1000, original, K&N Filter, circa 160 PS

GABEL
GSX-R 1000, Modell 2003, obere Gabelbrücke von Motacc, radiale Tokico-Zangen, Braking Wave-Bremsscheiben, Brembo Gold-Handpumpen, gefräste KMP-Reservoirs, Motacc-Lenker, Goodridge-Stahlflexleitungen

SCHWINGE
RC 45-Radträger, Öhlins-Federbein, Umlenkung von KMP, Brembo-Zange, KMP-Reservoir

AUSPUFFANLAGE
Titan-Krümmer, Endrohre aus Edelstahl, angefertigt von KMP

RÄDER
vorne GSX-R 1000, hinten Honda RC 45 Magnesium

BODYWORK
Frontfender, Verkleidung, Heck, Seitencover und Kühlergrill von KMP, 24 l-Alutank mit KMP-Schnelltankverschlüssen

FUSSRASTEN
Gilles Tooling

LACK
Violett metallic und Bronze von HPR, sämtliche Polierarbeiten von KMP

SONSTIGES
Batterie in die Airbox verlegt, LED-Rücklicht, Alcantara-Sitzbezug, Rücklicht LED, homologiert, Schwingenlager-Abdeckungen von KMP

GEWICHT
150 kg

Die exotische Spanierin posiert derweil noch etwas länger auf der französischen Gixer, nimmt dabei auch mal den stolzen Kris galant in den Arm, hat er ihr doch alle Wünsche sozusagen von den Lippen abgelesen. Der Franzose, als charmanter Frauenversteher und Wunscherfüller für all die GSX-R-Anbeter im In- und Ausland.

1

2

3

4

Abb. 1: Diese Anzeige verspricht fünfstellige Drehzahlen, man muss nur wollen.

Abb. 2: Luftikus: Knackiger Hintern am luftigen Heck, schmal gebaut und sexy.

Abb. 3: Ohne Gewichtsprobleme: Leichtes Magnesium-Rad an Honda RC45-Schwinge

Abb. 4: Erfrischung per KMP-Ram Air, atmen wie Gott in Frankreich

FULL METAL
JACKET
YAMAHA

YAMAHA XJR 1300

von Ralf Später

Metall-Hammer

Ein Manifest für alle Metal-Fans: Need for Speed und Hells Bells in einem Kraftwerk. „Made of Steel“ in Handarbeit.

HONDA

HONDA CB 900

„Tooltime“ von Martin, Ricky und Olaf

Wie Phoenix aus der Asche

Vernunft ausgeschaltet! Schubladen auf und Teamgeist ran! So finster diese Maschine auch aussieht: Hier wird eine olle Bol d'Or zur reinen Spaß-Ansammlung einer „Shocking-Party-Ratte“.

Martin reitet den personifizierten Freiheits-Gedanken – die heilige Allianz nonkonformistischen Schraubertums: Ich will Spaß, ich geb' Gas

Die Idee entstand aus einer Bierlaune,“ beginnt Martin die Story zu diesem puristischen Kraftrad. „Beim Streetfighter-Festival 2000 in Schüttorf flogen mal wieder die Fetzen. Da wurde uns schlagartig klar, dass wir ein eigenes Party-Mobil haben müssen, mit dem wir mal richtig am Rad drehen können.“ Ein Bock zum deftigen Burnen, scheißegal, ob der Reaktor explodiert oder sonst was an dem Gerät stirbt. Thunder, Lightning and Metal! Martin und seine Freunde Rikky und Olaf hatten totales Glück. Die drei Bochumer verdanken ihrem Kumpel, dem Altrokker Friedel aus dem Stadtteil Riemke, das Triebwerk ihrer alten CB 900 Bol d'Or: „Baujahr ungefähr 1983!“

Heilige Allianz

Eine geniale Gewerkschaft, die sich da gefunden hat. Denn erstaunlich, mit welch unterschiedlichem Broterwerb die Jungs aus der Opel-Stadt beschäftigt sind. Martin turnt als zweiter Hausjurist für Polo, dem Motorradzubehör-Ausstatter, eher am Schreibpult herum, während Olaf dem öffentlichen Dienst als Müllabfuhr-Mann zur Verfügung steht. Und Ricky, der mit der flinken Hündin Ronja zum Treffen aufkreuzt, ist Installateur im Sanitär-Handwerk und fabriziert die wildesten Gebilde aus Kupferrohren. Warum nicht gleich mal den Ölkühler für die alte Bol d'Or selbst kreieren? Der hätte locker zum Gesellenstück gereicht in dieser furiosen Aneinanderreihung von T-, U- und was-auch-immer-für-Stücken aus dem hitzig verformbaren Metall. Außerordentlich kunstvoll!

Tough und straff

Das war aber nicht immer so. Friedel musste erst Hand anlegen und das Triebwerk fit machen. Die Jungs gingen dann zum gröberen Teil über, lautstark ans Werk und mit bloßer Hingabe zum Radikal-Sein-Wollen: Lenkkopf komplett abflexen und neu anschweißen wegen

der geänderten, flacheren Reckung. Dramatisch dann der Eingriff am Heck, denn alles Überflüssige musste weg. Der Rahmen wurde direkt hinterm Tank kupiert, die nutzlose Stoßdämpferaufnahme weg geflext. Friedel fand beim Aufräumen seiner Garage auch noch ein paar alte Tauchrohre. Her damit und an den Rest-Rahmen angeschweißt bis ran an die alte, dürre Schwinge! Schlichtes, aber effektives Rundrohr, soweit das Auge reicht. Da ist auch nix mit kommoder Federung oder Dämpfung.

Absolute Härte ist befohlen

Also gibt es auch keine Couchgarnitur für den Hintern. „Die Kohlenschüppe ist original und mal richtig alt, habe ich vom Nachbarn aus der Gartenlaube geklaut,“ gesteht Martin, nicht wirklich reuig. Der „Binford 2000“-Schriftzug passt stimmig zum Tooltime-Konzept der amerikanischen Sitcom-Serie, Von Binford gibt's die Werkzeuge zum Mit-Hämmern. „Eine hintere Bremse müssen wir auch nicht haben, schließlich ist so eine Bremspumpe teuer.“ Zwei Scheiben machen sich wichtig, aber ein Kolben kneift nur die eine Scheibe. Reduktion auf das Wesentliche natürlich auch bei der Elektrik. „Der Hammer läuft nur auf Batterie, damit konnte der lästige Kabelbaum auch gefällt werden. Schließlich haben wir ja hier keinen Elektro-Roller am Start.“ Kurz und gut, für ein bisschen Licht musste ja auch noch ge-

Honda CB 900 Bol d'Or

Baujahr ca. 1983, K&N-Luftfilter, Leistung normal

FRONT
Lampe vom Flohmarkt, Lenker original, Armaturen keine, Griffe: Haken vom Schlachthof, bearbeitet, zwei Scheiben, ein Bremskolben, Ölkühler aus Kupferrohr selbst hergestellt

FUSSRASTENANLAGE
Original

AUSPUFFANLAGE
Krümmer beschnitten, Endrohre aus Kupferrohr selbst fabriziert

RAHMEN
Vorderer Teil original, Heck aus zwei alten Tauchrohren selbst hergestellt, starr mit Schwinge verbunden

HECK
Heckrahmen Eigenbau, Sitz aus alter Kohlenschaufel, Hinterrad-Abdeckung aus Alu gegen Reifenabrieb in Heckrahmen eingeschweißt, kein Heck-Fender, keine Federung, Original-Schwinge, keine Hinterrad-Bremse, Heckleuchte Grablampe Wachskerze

sorgt werden. Die klassische Kutscherlampe kommt dabei ganz wertvoll zur Geltung. „Die fanden wir mal auf einem Flohmarkt in Münster, passt ja perfekt zum Oldtimer-Styling." Ja, und wo es vorne leuchtet, wart auch hinten Licht. So eine schicke Grabkerze macht sich stilistisch doch einwandfrei.

Tooltime

Zwar ist der Müllwerker für die Entsorgung zuständig aber die Auspuffrohre und schneidigen Krümmer lötete wiederum der Sani-Täter Ricky. „Für die Schräglegerei haben wir aus dem vorderen Drittel extra fünf Zentimeter von den Krümmern abgeschnitten." Für eine Verbesserung der Gabel hat es noch nicht gereicht, da dümpelt noch das unnachgiebige und hagere Besteck, „aber wir wollen sowieso alles so leichtgewichtig wie möglich gestalten," scherzt Ricky. Feste gefeilt wurde auch: „Die dezenten Griff-Verlängerungen Marke Streitwagen stammen von einer Schlachterei. Auch das Triebwerk wird nicht gerade zärtlich behandelt. „Die K&N-Filter sind gut für die Show, aber wurden noch nicht auf die Gesamtheit abgestimmt. Und einen anderen Vergaser bräuchten wir wohl auch mal. Hah, wer einen Turbolader für uns übrig hat, den würden wir gerne adoptieren." Nach einem komplett anderen Bol d'Or-Motor mit “mehr Power” sehen sich die Strategen auch schon um.

Kavalier-Start

Einen ihrer plakativen Auftritte verdankte die Motorrad-Messe in Hamm einen mittleren Volksauflauf: „Die haben uns da sogar über Lautsprecher-Durchsagen angekündigt. Aus purer Dankbarkeit schwärzten wir denen dann per Burnout den Parkplatz ein." Auf der letzten Polo-Party gewann das frivole Trio sogar den Preis für die lautesten Lebensäußerungen geeigneter Aggregate: „130,7 Phon hat der Mann von Vance & Hince gemessen. Da kommt kaum eine Concorde mit." Und die Pflege, meine Herren? „Mattschwarz hat den Vorteil, dass du auch mal nur mit dem öligen Lappen drüber gehen musst. Bei Mehrbedarf gibt es einfach eine Dusche mit einer neuen Dose Mattschwarz."

Also, nur kein Stress - es werde Party! Für die Show ist gesorgt.

Abb. 1 u. 3: Konzept Minimal-Elektrik: Stromlose Beleuchtungskörper unterstützen das Oldtimer-Styling

Abb. 2 u. 4: Dem Installateur ist nichts zu schwör: Rohrbiegekunst für Gas, Wasser – und um Spaß zu haben

1

2

3

4

KAWASAKI ZZR 600

von Karlos Esteban

AB-Art
KISS OR KILL!

Wird was abgrundtief Hässliches durch simples Bemalen schöner? Die Ur-Kawasaki ZZR 600 war ja eigentlich eher was zum Wegschauen, doch diese hier tanzt Flamenco. Mañana ist erst übermorgen!

Monströs wie die Gesichtsmaske ist auch das sich zum Himmel aufbäumende Heck.

Kennt ihr diesen Videoclip von den „Einstürzenden Neubauten“, in dem ein abstruses Monster mit grobschlächtigem Ochsenschädel auf einem menschlichen Körper vor einem fast erblindeten Spiegel steht und wimmert: *„I hope that would be your color ...“* Ein aussichtsloser Kampf, dieses waidwunde Ringen um Anteilnahme oder gar um Liebe. Werden garstige Gestalten schöner, liebenswerter durch etwas Farbe? Die Berliner Band bettelte nie mit einschmeichelnder Musik um Zuschauergunst. Blixa Bargeld und seine Crew provozierten mit akustischen Darbietungen, die sich in den Gehörwindungen verkeilten. Etwa aus dieser Zeit stammt auch die Plastiklawine ZZR 600. Im Urzustand kaum liebenswert, überzeugend auch nicht mit extrem viel Motorleistung. Wegschauen und dennoch gramgebeugt benutzen? Ewig Mitleid statt Aufsehen erregen?

Grobschlächtig: Vereinfachung einer Wasserkühler-Blende. Immerhin in Aluminium!

Gerechtfertigte Abgründe

Kreativ gegen den Strich zu bürsten, das ist sicherlich eine der Intentionen der „Neubauten“. Aber auch der Spanier Karlos von „Euskalmoto“ ist kontrovers und innovativ. Er biedert sich nicht an. Denn der Baske aus dem nordspanischen Erandio bei Bilbao setzt sich Zeit seines Lebens mit der Politik seines Landes auseinander. Sicherlich prägend ... Die 92er-Kawasaki inszenierte er für Cesar Garcia, zusammen mit ihm und seinen Kumpanen Inaki und José Luis. Gegen jedwede Art von Abnutzungserscheinungen polierte die rührige Truppe sämtliche Rahmenteile auf, bis man sich darin spiegeln konnte. Dann wurde das Lager des Umbauterroristen geplündert: Die Arme irgendeiner Yamaha packen sich das Rad vom großen Bruder ZZR 1100, das auch weiterhin Kawa-typisch eingebremst wird. Doch das erscheint beinahe unwichtig, wenn das Monster wie paralysiert in den Spiegel gafft. Wenn es um die Gunst der Schnellen, Reichen und Schönen geht, die nehmen sowieso Reißaus. Dieser Blick lebt. Und bittet auch nicht um Erbarmen – oder gar um liebevolle Zuneigung.

Sick of it all

Welche Gewalten mussten walten, um die Krümmer zu biegen? Backstage präsentieren die Sampling-Mavericks auch keineswegs ein

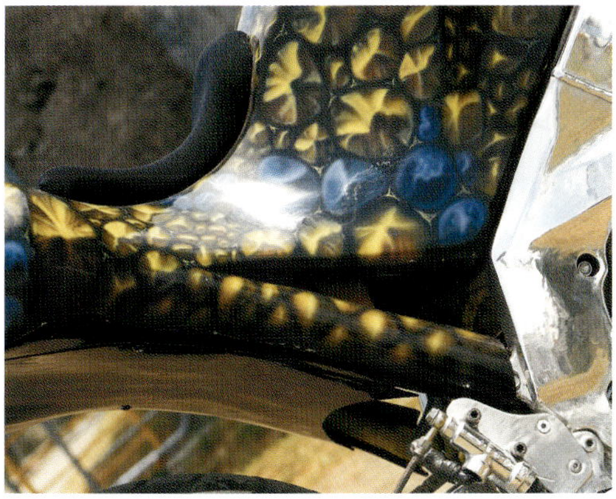

Feinmotorisch: Subtile Airbrush-Lackierung. Kosmetik für das Tier.

Kawasaki ZZR 600

BODY-PAINTER
Juanjo Barón; Bilbao, Spanien, www.amairushstudio.com/baron

ERBAUER
Karlos von Euskalmoto, Grupo Nuevo Ategorri, 1-2, E-48950 Erandio-Vizcaya, Fon: 0034-94 417 0721, Fax: 0034-94 467 1816, www.euskalmoto.com und José Luis, Inaki, Cesar Garcia

BESITZER
Cesar Garcia

FRONT
Vorderrad-Gabel; Yamaha; Lenker: Renthal; Griffe und Riser: Eigenbau Cesar; Kontrollinstrument: Kawasaki ZXR 750/ZZR 600; Lampenmaske: Opel, Euskalmoto, Inaki-Eigenbau; Schutzblech: Eigenbau; Bremsen: Kawasaki;

REIFEN/RÄDER
vorne: Kawasaki ZZR 1100, 120/60-17
hinten: Kawasaki ZZR 1100; 190/70-17

HECK
Sitzhöcker; Eigenbau von José Luis; Schwinge: Yamaha YZF Exup 1992; Rahmen und Schwinge poliert; Federbein: Kawasaki; Bremsen: Kawasaki;

AUSPUFF
Eigenbau von Cesar und José Luis

FUSSRASTEN
Spondon

zartes Bauteil. Was sich derart erschreckend, nahezu furchteinflößend, da heckseits zum Himmel düster reckt, kann nur aus dem Bekenntnis zum grotesken Hardcore-Horror-Szenario entsprungen sein. Und damit dem eigenen Hammer und Meißel, der eigenen Regie und Ausführung. Die Kräfte am Hinterrad werden vom Kawa-Federbein an der Schwinge einer 92er-Exup ausbalanciert. Welche Bösartigkeit und scharfen Werte den 600er-Leistungsrotor unter Spannung zu setzen vermögen, darüber schweigt ihr Besitzer: „No comment!“, ist sein Kommentar. Wenn Verkleidungen das Ich ihrer Eigner widerspiegeln, kaschiert eh kein gülden Maul der Welt die bloßgelegten Instinkte. Hier gilt: **Kiss or kill!**

Upper-Art, farbig und fahrbar. Poliertes Geflecht zähmt die 600er-Bestie

„I hope that would be your colour!“ Abstruse Monster kennen keine Spiegel.

POWER
SUPERTRAPP

KAWASAKI GPX 600 R

„La Resurrection“ von Esteban Martin

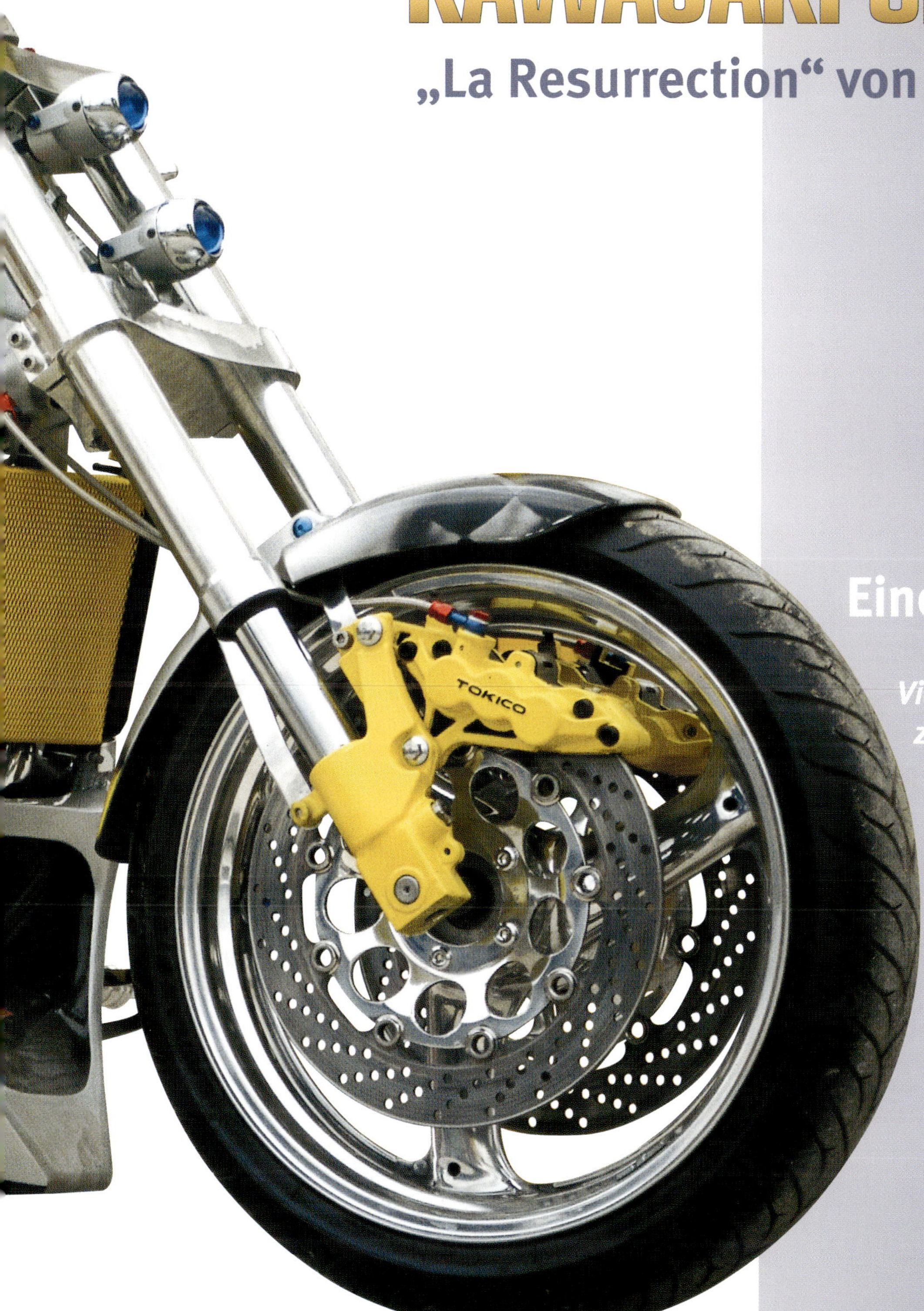

Eine Auferstehung?

Viele Pfade führen zur Reinkarnation. Die stimmungsvolle Gruselatmo eines Zombiefilms sucht man bei dieser Kawasaki aber vergeblich. Mit Autofelge und Selfmade-Rahmen in den Custom-Himmel

Dank mutiger Ideen und tapferem Einsatz hat der Baske Esteban Martin einen ernsthaften Shocker auf die prallen Räder gestellt

Die meisten werden begraben oder eingeäschert, einige einbalsamiert, wenige mumifiziert, um den wertvollen Körper vor der Verwesung zu bewahren. Manche widmen sich auch der Aufgabe, kapriziöse Untote zu restaurieren – einige, nur um sich danach zu Tode zu putzen. Zu denen zählt der Spanier Esteban Martin aus Barakaldo bei Bilbao nicht. Esteban benötigte mit seinen Kumpels von NSB und J2 Sport mehr als zehn Monate um einer uralten Kawasaki GPX 600 R neues, wunderbares Leben einzuhauchen. Und siehe da: Ähnlich wie der vor lauter kostbaren Titanflächen über und über silbrig glänzende Baukörper des Guggenheim-Museums in Bilbao sich zwischen all den heruntergekommenen Behausungen hervorhebt, so erscheint uns nun dieser ehedem als belangloser Vierzylinder geborene Körper als des Luxus reine, unsterbliche Seele.

Akt der Hochachtung

„Manchmal muss man Dinge tun, die einem einfach richtig vorkommen. Im Herzen richtig, meine ich.“ Esteban wünschte sich ein Show-Bike und sagt das ohne Umschweife. „Ich wollte einen Star haben, der die Leute auf den Festivals und Treffen begeistert.“ Der Spanier erzählt, dass er diese Kawasaki genauso unkompliziert im Terrain bewegt wie seine Virago, die er nach einem nur sanften Tuning als Alltagsgerät einsetzt.

„Die uralte GPX 600 R war ursprünglich ein sehr bescheidenes Motorrad, das lange nicht mehr gebaut wird. Historisch nicht wirklich wertvoll. Meine Intention war, dieser Maschine ein neues Leben zu schenken.“ Und dafür war Esteban kein Weg zu steinig. Eine gute Dosis Kreativität, einige vorhandene Teile und Glaubens- und Durchhaltekraft auch seiner Freunde von NSB und J2 Sport sind mitverantwortlich für die Auferstehung dieser Schöpfung. Dabei geriet die Anpassung der BBS-Autofelge mit ihrem imposanten Strahlenkranz an die Honda VFR-Einarmschwinge zum Drama. Der standesgemäße Auftritt eines 200er-Pneu an solch edlem Arm lässt einen an seine Grenzen gehen. Intensiv, beinahe organisch, fügt sich auch der geschmeidige Tankkörper ins Ensemble. „Zunächst wollte ich einen Bultaco Chispa-Tank über die Maschine stülpen.“ Doch die Freunde lachten sich schlapp. Danach machte Esteban

Eine Auto-Felge im Auferstehungs-Procedere – genauso geschmeidig wie der 600-Kubik-Sportmotor. Ein Drag-Bike muss nicht immer mit einem feisten V2 ins Leben gerufen werden.

die ausdrückliche Bekanntschaft mit Bauschaum, Fiberglas und Feilen jeglicher Machart. „Mit der Kreation dieser Einheit befasste ich mich monatelang. Das würde ich nie wieder versuchen," gibt der Baske entnervt zu. Eine weitere Vorgabe war es, einen möglichst aggressiven Dragster-Look zu erhalten. Da kam ihm die USD-Gabel einer Suzuki GSX-R gerade recht, der sich auch direkt das adäquate Rad anschloss. Eine mächtige, gelb lackierte Tokico-Bremsanlage beißt in die Gixer-Scheibe.

Starke Akzente – schnelle Reflexe

Solch akzentuierende Arbeiten wie das Anpassen der verschiedenartigen Yamaha-Radabdeckungen erledigte das „dynamische Duo" Esteban und Inaki von NSB ebenso locker wie den Bezug der Sitzbank aus Neopren. Mit dem Team von J2 Sport hingegen bemächtigte man sich des Wasserkühlers einer 250er-Aprilia. Und zur Wesensänderung trägt ja bekanntlich immer das Verchromen und Polieren sämtlicher möglicher Teile bei.

Eine mächtige, gelb lackierte Sechs-Kolben-Bremse von Tokico würgt würdig an der Gixer-Scheibe. Die Auskenner-Freunde halfen ebenso intensiv beim Einbau eines Zentral-Federbeins wie bei der Entwicklung des lang gerekkten Chassis daselbst.

„La Resu" übertraf alle Erwartungen von Esteban: Bei jeder Bike-Show, die der wackere Spanier anfuhr, gewann er gegen die anderen mit Überlegenheit in zahlreichen Kategorien. Dennoch steht dem Basken der Sinn bereits wieder nach neuen Taten. Also werden demnächst wieder ein paar Teile exhumiert, denn wer einmal schmerz- und schockgewöhnt ist, den zieht es immer wieder zum Friedhof der Kuscheltiere.

Kawasaki GPX 600 R

BESITZER
Esteban Martin, Barakaldo bei Bilbao, Spanien

ERBAUER
Esteban Martin, Inaki von NSB, J2 Sport

UMBAUJAHR
2001 in 10 Monaten

MOTOR
4 Zylinder, Reihe; Vergaser: Original, Luftfilter: K&N; Wasserkühler: Aprilia 250

CHASSIS
Eigenbau von NSB/Esteban/San Luis, No Stock Bikes

FRONT
Lenker, Riser, Gabelbrücken: Unitat Metric (Spanien), Carrer Comer no. 2, 08107 Martorelles bei Barcelona; Griffe: MAPAM, Spiegel: Gray Indian, Kontrollleuchten: G&G, Scheinwerfer von einem Auto... Gehäuse: GZM, Gabel einer Suzuki GSX-R UpSide-Down, Vorderrad abdeckung: Yamaha Exup, modifiziert, Halterungen: NSB; Bremsscheiben: Suzuki GSX-R, 6-Kolben Tokico-Bremsen

TANK
Eigenbau aus Fiberglas von Esteban

AUSPUFFANLAGE
Krümmer/Sammler: Kawasaki GPX, modifiziert; Zwei Endschalldämpfer: Supertrapp

HECK
Einarmschwinge: Honda VFR mit Auto-Felge BBS, 17 Zoll, Einbau/Anpassung: J2 Sport/NSB; Sitzbank Eigenbau von Esteban; Heckfender: Yamaha Virago, modifiziert, mit Halterung von J2 Sport/NSB; Bremsscheibe: Honda VFR, Zwei-Kolben-Bremse von Nissin

REIFEN/RÄDER
vorne: Felge Suzuki GSX-R, Bridgestone 120/60-17"
hinten: Auto-Felge BBS, Bridgestone 200/50-17"

BESONDERHEITEN
Ausgleichsbehälter für hydraulische Kupplung von einem Scooter (Hebbo); Ritzelabdeckung hinten: Mini-CD; Verchromung/Polierarbeiten: LOAL

LACKIERUNG
Farbe silber und gelb, Entwurf/Ausführung/Airbrush von Esteban

Abb. 1: Die Posaunen von Jericho – immer für ein schallendes Inferno gut

Abb. 2: Atomkraft, ja bitte: Schnellsein macht schön - Gleichdruck-Vergaser mit dubioser Plutonium-Füllung

SUZUKI GSX-R 1100

„Der Gelbe Hass“ von Bügel

Entartete Gefühle

Grenzenlos kann der Vernichtungswille wüten – oder ist es ein Akt der Befreiung? Die hohen Weihen der Mutationskünste an einer Gixer, bis aufs Blut. Hasstiraden im Killschalter-Staccato

Was spricht eigentlich gegen Hass? Diese tief in der Seele sitzende, gewaltige Kraft? Purer, Energie geladener Instinkt! Hass muss raus: Schreiend, gellend schreiend bis zur Heiserkeit. Gelb ist die Maschine, eine GSX 1100 R. „R" wie Reaktor. Gelb wie der Hass. Wie aufgerissen, die gelbe Haut, der Blick frei auf die klaffenden Eingeweide – wie ein geöffneter Torso. Das Innere will nach außen dringen. Blutüberströmt das kurze Heck. Blutrot das mächtige Maschinenherz. Besteigt man den gelben Hass und jagt Energie übers Kabel in die Organe, dann bringt man sie damit zum Schreien. „Bügel" heißt er, dem wir diese Kraft und Herrlichkeit beleuchtet schaurige Szenarien: Bügel im Zentrum hell lodernder Flammen brennenden Benzins, der Hinterreifen in der bis zum Äußersten modifizierten Einarmschwinge einer Triumph Speed Triple im Burnout rotierend. Drum herum die erhobenen Fäuste und das Grölen der wilden Horde von Streetfightern. Wie ein Chor aus tiefster Hölle, wie Symbole unbeugsamer Macht: „They dedicate their life to the fight for independence". Dann der Refrain der anderen Motoren im Killschalter-Staccato. Aber Harakiri betreibt Bügel nicht. Seinen „Schatz" will er am Leben erhalten. Zu viel Energie, Kraft und Zeit verwendete er in den gelben Hass, seitdem er das Aggregat im Originalzustand aus dem

Zwei, die jubeln können: Allen Widrigkeiten zum Trotz erschufen sie sich Fahrmaschinen nach ihren eigenen Vorstellungen. Pioniere einer neuen Zeit!

verdanken. Beseelt vom abgrundtiefen Hass stiert den Betrachter die schmale, extrem gestylte Maske an. Edle Gesichtszüge mit engen Sehschlitzen. Trotzdem dringt der gebündelte Lichtstrahl gleißend durch die Dunkelheit und Baujahr 1990 vor sieben Jahren erwarb. Blau-Weiß, wie es sich zunächst für eine Gixer gehört. Beim Umbau durchlief er sämtliche Höhen und Tiefen, erfuhr die hohen Weihen der Mutationskünste. Die Arbeit an der Einarm-

Karfreitag für die Karkasse: Ekstatische Rotation bis zum Exodus. Bügels Burnout-Orgie geht bis zum Bersten.

schwinge bereitete ihm die wohl höchsten Nöte und Anforderungen. Nach schweißtreibenden Arbeiten schaffte er die High-End-Lösung. Nach sechs harten Wintern voller Entbehrungen und immer wieder neuer Inspirationen, denen er sich wie süchtig hingab, raucht er heute unaufhaltsam durchs Kurvengeflecht mit seiner wie hingegossen wirkenden Skulptur. Wie das lodernde Feuer zum Drachen!

Suzuki GSX-R 1100

ERBAUER/BESITZER
Bügel aus Edemissen/Abberden, Deutschland

MOTOR
Suzuki GSX 1100 R, Baujahr 1990; Block lackiert von „Fischer aus Peine"; Seitendeckel und Zylinderkopf verchromt

FRONT
Dragbar-Lenker; Kellermann-Blinker; modifizierte Lampenmaske mit Airbrush; Oltmans gefräste Gabelbrücken mit eingelassenen Instrumenten, Halter selbst entworfen; verchromte Tauchrohr; komplett polierte Vorderrad-Felge, mit Airbrush; 6-Kolben Bremsanlage, Scheibenbremsen mittig poliert; vorderes Schutzblech von MGM Müller, abgeändert, gebrusht

RAHMEN
Suzuki GSX 1100 R, komplett poliert; Heckteil komplett neu aufgebaut und geschweißt

HECK
Höcker Eigenbau in Zusammenarbeit mit „Schmalle"; Schwinge Triumph Speed Triple, völlig modifiziert; White Power Federbein, umgeschweißte Aufnahme; Felge Triumph, 6.50 x 17 Zoll, 200er-Pirelli

AUSPUFFANLAGE
Cobra Krümmer, Rohrverlauf selbst kreiert und gebogen, ins Heck verlegtes Endrohr, zweiteilig mit Ausgang seitlich rechts

FUSSRASTENANLAGE
Lucas

SONSTIGE NERVENAUFREIBEREI
Kleinerer Ölkühler mit Stahlflex-Ölschläuchen, kunststoffummantelte Brems-/Kupplungsschläuche; Alu-Batterie-Kasten Eigenbau; seitlich angebrachtes Zündschloss

AIRBRUSH
sämtliche Teile von Micka Airbrush & Design, Fon: 0511/853346

SCHWEISSARBEITEN
Excellent, Welding, Tel. 0171-4650363

1

2
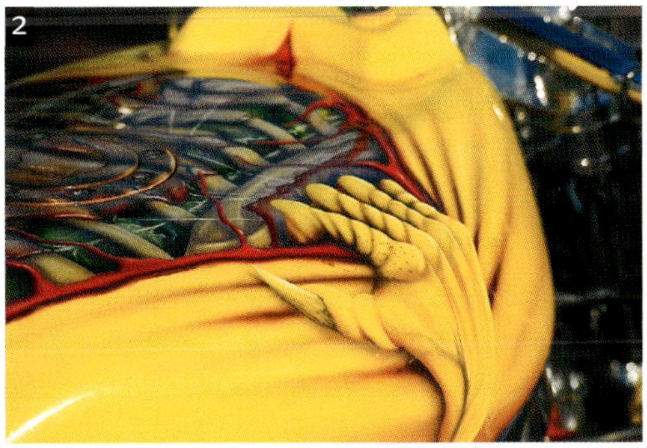

3

4

***Abb. 1:** Ein Gesicht, dass Bände spricht – martialisch, bereit für den Fight auf heißem Asphalt*

***Abb. 2:** Anatomie einer Streetfighter: Mit Hass im Blick geht's runter bis in die Eingeweide, mit Energie in alle Organe.*

***Abb. 3:** Ob am Pneu oder selbst inszeniert: Bügel steht auf Flammen. Blut floss in Strömen bei der Politur der Einarmschwinge und Felgen von Hand*

***Abb. 4:** Ein Mann, der im Kampf mit den Elementen das Feuer nicht scheut : Bügel und sein fünftes Element – der gelbe Hass!*

SUZUKI GSX 1100 EF

von Gerold Kuite

Gebetsmühle – Mit viel Qualm im Motor

Unser tägliches Brot gib uns heute! In tiefer Meditation zu einem Kraftrad, das zum Brot- und Butterholen sowieso viel zu schade ist. Ein Missionar mit Rau-Rahmen im Katechismus zieht aus, um die Gixer-Jünger zu bekehren.

PRIVATE PROPERTY NO PARKING
PERMIT HOLDERS ONLY UNAUTHORISED
VEHICLES WILL BE CLAMPED AND A
CHARGE OF £65.00 MUST BE PAID
BEFORE CLAMP IS REMOVED
* FEE IS PER CALENDAR DAY OR PART DAY *
A TEC SECURITY (01273) 772674
HARRIS
WP
SPECIALS

HARRIS GSX-R 1100

von Guillaume Jung

Brit-Pop

Eine Harris Magnum 4 und die verzögerte Dramaturgie eines englischen Patienten. Beste Traumerfüllung der Briten für einen geduldigen Luxemburger, der genau weiß, was er will: Perfektion und Performance einer optimierten GSX-R.

Abb. 1: Heavy-Metal: Schweres Geschütz erfordert Bremsleistung, wie sie zum Beispiel die sechs Kolben von Billet liefern.

Abb. 2: Idealposition: Durchgesteckte Gabelrohre und Rennstummel bestimmen den Rhythmus, Highspeed ist angesagt.

Abb. 3: Kreuzfeuer: Schmal wie ein Sehschlitz, mehr Licht braucht's nicht

Abb. 4: Hitzekampf: Aufwendiges Rohrgeflecht, eines Harris-Rahmens würdig

Von der Insel kommen seit Jahrzehnten nicht nur erstklassige Bands und innovative Musik-Stilrichtungen. Populär sind die Briten bei uns auch mit ihrem faszinierenden Equipment für den Motorrad-Enthusiasten. Der Luxemburger Guillaume Jung ist ein ganz Schneller: „Schau mal nach auf meiner Website, da sind noch Streckenbilder von mir in der Klasse ‚Open-Extreme' beim ADAC-Clubsport." Dass der Mathematik- und Physik-Dozent aus Luxemburg, der ausgerechnet die wilde SMS-Generation in diesem schwierigen Metier unterrichtet, sogar für flotte Zeitenjagden auf den Rundkursen dieser Welt gut ist, erkennt der geneigte Betrachter bereits an den stark frequentierten Reifen-Flanken. Seine Harris Magnum 4 ist dem 30-Jährigen auch nicht zu schade für den Continental-Run Mitte September, der alle Tapferen nach London zum Ace Day und nach Brighton zu den Speed Trials mit dem sonntäglichen Burn Up führt. Und das alles ohne Warmduscherei oder gar schnöden Hänger-Transport – ausschließlich auf der Maschine, für die Guillaume so lange gearbeitet hat. „Immer nebenher zum Studium zog sich der Aufbau über Jahre hin." Das Jahr 1992 deklarierte den offiziellen Beginn der Leidenschaft,

1

2

3

4

denn das Fahrwerks-Kit dieser Harris Magnum 4 aus der seltenen Serie 1 erwarb der Brit-Bike-Freak direkt beim Werk selbst in Hertford.

Ausgefuchste Techniker

Harris Performance Products residieren nordöstlich von London und werben mit der Erfahrung von über 30 Jahren in Design, Entwicklung und Herstellung von Motorrad-Rahmen und Komponenten für die Racer-Fraktion als auch für den Straßenfahrer. Steve und Lester Harris als Verantwortliche der Company blicken mit Stolz auf ihre erfolgreichen Aktivitäten bei den wichtigsten Rennserien der Welt. Hochwertige Kit-Komponenten aller Art produzieren die Engländer, vertreiben als offizielle „UK Importers" auch solch exzellenten Teile wie Fahrwerks-Parts von Öhlins oder AP Racing-Bremsen bis hin zu den brillanten Marchesini- und OZ-Felgen. Den Verlockungen der Devise „wir werden unser Bestes leisten um auch deine Träume zu erfüllen ..." erlag schon in jungen Jahren der Luxemburger.

No Shortcomings

„Nach dem Kraftakt, den Engländern das Set abzuschwatzen, ruhte dieses erst mal zwei Jahre im Wohnzimmer, bis sich nach einem nächsten Spar-Akt eine White-Power-Gabel dazu gesellen konnte." Getreu der Intention „hier kommen nur die besten Produkte an den Start", erwarb der Gedulds-Künstler 1995 zusätzlich die edlen Technomagnesio-Felgen. Den unmoralischen Angeboten des Werks in Hertford erlag er dann völlig bei der Auspuffanlage, die sich geschmeidig auf Vier-in-Eins-Weise am exklusiven Rohr-Rahmen entlang zieht und in einem aparten Abzug endet. Perfektionismus bewies Guillaume, indem er 1997 sogar den Nerv besaß, die bis dahin endlich gediehene Compilation wieder auseinander zu nehmen und den Rahmen zurück zum Geburtsort zu verbringen, damit das eherne Gebilde komplett vernickelt werden konnte.

Aparter Abzug und ein Ende ganz ohne Schrecken: so winzig kann Legimitation bewiesen werden.

Ganz ohne eigene Werkstatt, aber zusammen mit seinem Freund Mark Thill, KFZ-Mechanik-Maniac und wie er ebenso dem Brit-Enthusiasmus verschrieben, bauten und modifizierten sie danach, passten auch den Höcker von Harris den eigenen Wünschen an, kürzer, ohne Sozius-Funktion, aber für ein kleineres Rücklicht.

Mehr Nervenkitzel

Während Harris Performance sich 2001 rühmen durfte, an der Entwicklung für den Rahmen der malaysischen Viertakt-GP-Maschine von Sauber-Petronas Engineering beteiligt zu sein und seit 2002 als Sponsor für ein offizielles Superbike-Team der englischen Meisterschaft aufzutreten, gab sich Guillaume im Jahr 2003 dem Rennsport-Gedanken hin und ließ das Triebwerk von Wiseco Belgien auf stolze 1.216 ccm aufrüsten. „Alle Anpassungsteile wie die Distanzhülsen für die Felgen haben wir handgefertigt, auf einer mehr als prähistorischen Dreh- und Fräsbank." Das Gixer-Triebwerk selbst weist eine Laufleistung von ungefähr 20.000 Kilometern auf, „den ersten Ton gab das Gesamt-Bauwerk nach nunmehr vier Jahren Bauzeit von sich." Die englische Band „Muse" behauptete kürzlich, Brit-Pop sei tot. Das glauben wir nicht. Diese britische Formation zeichnet sich vielmehr durch vehemente Lebensäußerungen aus!

Harris Magnum 4

ERBAUER/BESITZER
Guillaume Jung, Luxemburg

MOTOR
Suzuki GSX-R 1100 mit Wiseco Kolben, 1.216 ccm, 164 PS, Dynojet-Kit, offene K&N-Luftfilter, hydraulische Kupplung, alle Motorschrauben eloxiert

RAHMEN
Harris Magnum 4, vernickelt, Baujahr 1992

FRONT
Lampe Leni's Ennepetal, Gabelbrücke White Power, Lenkerstummel Harris, Brems- und Kupplungshebel von Brembo, Gabel White Power USD, 54 mm-Standrohre, WP-Lenkungsdämpfer, Frontfender Harris

TANK
Harris Racing Alu-Tank

AUSPUFFANLAGE
Harris Magnum 4 ,Vier-in-eins-Anlage, Spezialanfertigung

BREMSANLAGE
Vorne Billet 6-Kolben, hinten AP Racing Lockheed mit Harris Master-Zylinder, Stahlflex-Leitungen

FUSSRASTEN
Harris

HECK
Höcker von Harris, modifiziert, ohne Sozius-Funktion, Öhlins-Federbein, Harris-Alu-Schwinge mit Überzug, Ritzel Hart-Alu Spezialanfertigung mit Ritzelaufnahme von Melani, Italien

RÄDER/FELGEN
Felgen von Technomagnesio, vorne 3,5 x 17 Zoll, hinten: 5,5 x 17, Reifen von Pirelli, vorne: 120/17 x 70, hinten 180/55 x 17

LACKIERUNG
Mark Thill, Airbrush-Vorgabe von Guillaume

martin

HONDA CBX / Martin

von Reiner Hoppe

Sixtinische Kapelle

Eine Inszenierung aus sechs computergesteuerten Flammenwerfern durch ein Brüllrohr. Keine Ähnlichkeiten mit dem Flöten der Kölner Domspatzen. Eher mit dem Chor gefallener Engel. Ein Sex-Zylinder im edlen Martin-Rahmen. Herrlich frivol orchestriert.

Abb. 1: Die verchromten Ansaugrohre der Honda – ein versteckter Hinweis auf die Energien, die im Inneren des Motors auf ihren Einsatz lauern.

Abb. 2: Scheinwerfer-Set mit Spezial-Halterungen von HESA-Motorsport

Abb. 3: Ein hautenges Plastik-Kleid fürs kecke Heck

Abb. 4: Rondo der Uhren: Wohlgeformte Instrumente von MMB im stimmigen Design

Wer beginnt da nicht zu sabbern beim Anblick der wohlgeformten güldenen Maschine im kleinen Schwarzen? Aus dem drallen Maschinenkörper quellen im imposanten Bewegungsablauf edelstählerne Krümmer, münden wie Heavy Metal in einem pikanten Sang- und Klangrohr, komplett von Kerker USA. Voll eingeschenkt wird dem Kraftpaket sowieso mittels ausgetüftelter KAV-Benzineinspritzung von EGLI-Racing aus Hamburg. Du reisst sie an und Drum'n'bass bringt die Bauchdecke zum Schwingen. Wie nach einem bis zum Anschlag aufgerissenen Marshall-Poti stimmt das Sextett der Ansaugtrichter in die kollektive Orgie der Schalmeien mit ein. Lustbetont greifen die Schenkel im perfekten Knieschluss um den Originaltank. Flach fällt dieser nach hinten ab, bietet dem Reiter inniges Einsitzen zwischen ihm und dem hauteng anliegenden Plastikkleid am Heck. Die Jungs von HESA-Motorsport in Meinerzhagen passten es ursprünglich der Suzuki-Bandit an. Willfährig formt sich das edel gestylte GfK um die letzten Glieder des schwungvollen Rahmens, der weiter vorne fast unter der Last des Triebwerks zusammenzubrechen scheint. Grazil gebogen gibt das schlanke, hochglänzend vernickelte Rohrge-

1

2

3

4

flecht dem stämmigen Outfit des tiefschwarz lackierten Motors mit seinen verchromten Deckeln Paroli.
Diese CBX kann Französisch: Ihren Rahmen fertigte der Franzose George Martin. Fast zehn Jahre lang, genau bis 1986, konstruierte der Gitterrohrfahrwerke, mit denen er die damaligen, originalen Gestelle in den Schatten stellen konnte. So auch für dieses Triebwerk. Aber nur 75 Stück baute er für jene Honda. Sein Augenmerk galt eher den sportlich orientierten Autos vom Schlage eines Cobra. Druckvolles Beschleunigen in kurvenlosem Terrain war früher das Maß aller Dinge. Aber lange Geraden werden rasch langweilig. Dieses Lustobjekt stimuliert dich in allen Lebenslagen, folgt gefügig einer festen Hand.
White Power nennt sich das exzellente Zauberelixier bestehend aus einer Vorderradgabel und den Brücken. Im Einklang mit dem entsprechenden Federbein an der Hinterhand. Noch! Technoflex will demnächst der weitergehenden Experimentierfreude ihres Reiters genügen. Großflächige Brembo-Scheiben vermögen sich mit Zangen und Pumpe gehaltvoll ihrem ungestümen Freiheitsdrang entgegen zu setzen. Vorbei sind für sie die blutigen Jahre der Gaskultur.
Nicht so auf der Isle of Man. Hier, wo noch heute Jahr für Jahr die gefährlichsten Rennen der Welt frenetisch abgefeiert werden, huldigte man ihr wie einer spiritistischen Erscheinung. Niemand sieht ihr das geschätzte Alter von zwanzig Lenzen an. Oder die lange Zeit ihres verschmähten Seins. Seit 1983 vergessen, moderte sie in ihrem viel zu üppigen roten Plastikumhang. Jetzt rundete sie ihren betörenden Siegeszug mit einem Pokal für den zweiten Platz von Honda England ab. Den ersten gestand man einem Einheimischen zu.

Quell der Freude: Engumschlungenes Krümmer-Ensemble für das sonore Klangbild

Links: Concerto Grosso: Pralle Sechs-Zylinder-Honda mit neuen Flötentönen

Honda CBX

Baujahr: ca. 1980, seit 1983 abgemeldet, reaktiviert 1999

INTENDANT
Rainer Hoppe, Remscheid

TECHNISCHE LEITUNG
HESA Motorsport, Siepener Weg, Meinerzhagen

BASIC-TRACK
Honda CBX, Erstzulassung: 01.07.1980, abgemeldet seit 1983, Zulassung Sommer 1999, ca. 18.000 km gelaufen, Motor mit Benzineinspritzung von KAV, WOLF-D2-Elektrik, verbaut von EGLI-Racing, Hamburg, Leistung ca. 114 PS am Hinterrad

RAHMEN
Martin (F), Hochglanz vernickelt

FRONT
Vorderradgabel, Brücken von White Power, Tacho/Drehzahlmesser von MMB, verchromt, DE-Scheinwerfer im Set mit Scheibe und Halterung von HESA, Blinkerhalter gefräst

HECK
Höcker von HESA für Suzuki GSF 600/1200 Bandit, Federbein White Power

AUSPUFF
6 in 1, komplett von Kerker, USA (wird in Kleinstserie für einen Dealer in USA gefertigt, der nur mit Teilen für CBX handelt)

FUSSRASTENANLAGE
Martin (F), Schaltgestänge durch Fräsungen veredelt bei HESA

BREMSEN
Brembo komplett mit Zangen, Pumpe, 320er-Scheiben vorne

RÄDER/REIFEN
vorne: 3,50x17, 120/70 ZR 17, hinten: 5.50x17, 170/60 ZR 17, VV Rädertechnik, 58553 Halver, Herpiner Weg 16,

SONSTIGES
Batteriekasten Edelstahl, HESA, Rahmenstopfen gedreht, Ritzel ausgedreht zur Umrüstung von Campagnolo-Rädern auf VV-Räder, Anpassung des breiteren Hinterrades, O-Ring-Kette

DANGER
TRIUMPH

TRIUMPH DAYTONA T 595

von Maik Heringhaus

RONDO der ROHRE

Pas de deux der Tragwerksrohre und dann die fulminante Fasson bis zum Finale. Eine runde Sache am Doppelrohr-Rahmen und eine Vorführung obsessiver Rohrbiegekunst in optimaler Vollendung.

Freie Sicht auf Rad und Rahmen, Farb-Philosophie in Papangelb und Goldglitter mit Schwarz

So kann's gehen: Du fährst zu einem Händler mit jeder Menge Gebrauchtmaschinen und willst eigentlich deine Alte unters Volk bringen – findest dort aber gleichzeitig eine Neue, die Du mit nach Hause nehmen musst. So geschehen bei Maik. Die ausgenudelte CBR 600 von Honda sagte dem Aufzugbauer gar nichts mehr, er ließ seine Blicke kreisen und da sah er die Zukünftige: Die Triumph Daytona T 595. Noch ganz Serie, mit pausbackig dottergelbem Vollschalen-Plastik-Umhang. Kein freier Blick auf den wundervoll geschwungenen Doppelrohr-Rahmen. Dafür immerhin auf die edel geformte Einarm-Schwinge der Triumph, für die so sich manch einer mindestens eine Hand abhacken lassen würde.

Fortgeschrittene Hardware

Maik hatte da zwar noch andere Vorstellungen: „Eigentlich ist mir der Riegel am Hinterrad noch etwas zu voluminös, aber ansonsten schon ganz ansehnlich. Lieber wäre mir ja eine Schwinge im passenden Outfit, mit den zwei Rundrohren an- und übereinander geschmiegt, die von Harris oder Spondon. Aber dafür muss ich erst noch ein Weilchen an anderen Röhren biegen." Dass Maik reichlich Erfahrung damit hat, Rohren eine Richtung zu verpassen, beweisen die hier offensichtlichen und auch im Verborgenen agierenden Rundlinge stählerner Natur. „Für den als Basismodell ausgewählten Sitzhöcker von Street Machine fertigte ich das Tragwerkselement selber an, fand zwei passende Aluminiumrohre, deren Biegung ich dann aber noch selber vorgeben musste." Doch wie bewerkstelligen, wenn man nicht gerade eine Rohrbiegemaschine sein Eigen nennen kann? „Ganz klar, wir nahmen da ein großes Hoftor einer Spedition, dengelten die Röhren um die metallischen Torkanten und fanden so auf Anhieb den richtigen Dreh."

Tubular Bells

Für die so fein ziselierte, mit unfassbar hingebungsvoller Obsession ans Material und dessen Verlauf überzeugenden Krümmer-Verrohrung ging's dann aber nicht mal eben so mit artfremden Biegevorrichtungen ab. Ein guter Freund gewann seine Fähigkeiten zur Rohrbiegekunst als Trial-Fahrer. „Bei den Geräten zum Gelände-Hüpfen hängst du ja beinahe immer als erstes auf den Krümmerrohren." Also eignete sich der Andreas mit der Zeit die absolute Perfektion im Rohre-Biegen und Ver-

Abb. 1: Die beiden Endrohre wurden elegant in den Heckabschluss integriert.

Abb. 2: Besonders an den Fußrasten wurde das Thema Rohrverlegung zur Herausforderung

1

2

schweißen an. „Und Edelstahl in gewagte Linienführungen zu dengeln, das kann eh nicht jeder.“ Der Kumpel legte mit dieser aufwendig inszenierten Krümmerführung ein echtes Meisterstück ab. „Die Rohr-Bögen sind so diffizil miteinander verschweißt, dass die Federn fast nur noch Zierde sind – derart rigide verläuft die Verbindung zwischen den einzelnen Elementen. Die gesamte Anlage lässt sich für eine obsessive Reinigungsprozedur sogar lösen und verdrehen und hernach genauso wieder in Position bringen.“

Eine runde Sache

Völlige Zurückhaltung bewies der Gevelsberger dagegen bei den formalen Elementen an der Front. Das Cockpit aus einem abgekanteten Blech trägt die wichtigsten Instrumente über einem simplen Doppelscheinwerfer von Aprilia. „Die Sache mit dem Fahrrad-Tacho hat sich allerdings bald selbst überholt. Ich hielt schon auf der letzten Custom Performance Ausschau nach einem gefälligeren, kompakten Anzeigen-Instrument, adäquat in Form eines Halbkreissegments.“ Viel Aufmerksamkeit widmete der Triumph-Fahrer ebenso der Farbgebung seines Fahrzeugs. „Einen eher gelblichen Farbton wollte ich beibehalten, die rote Original-Daytona wäre schon deshalb nie für mich in Frage gekommen.“ Also fiel die Wahl auf das Papangelb von House of Kolors, einem Unternehmen, das den edelsten Farb-Philosophien seiner anspruchsvollen Kundschaft gerecht wird. Edle Eyecatcher in Form von verchromten und polierten Motor-Abdeckungen auf schwarzem Grund und die zweifarbig gestalteten Felgen runden das Gesamtbild harmonisch ab.
Keine Frage: Ertönt nun noch der sonore Sound des Dreizylinder-Triebwerks, mündet gar das röhrende Gebrüll aus den rabenschwarzen Shark-Rohren direkt in die Gehörgänge, glaubt man dem stolzen Besitzer sofort, dass dieser seine Runden auf keinen Fall mehr auf anderen Krädern drehen will.

Full Face und mit freiem Auge sichtbar: Die Front in formaler Zurückhaltung

Triumph Daytona T 595

BESITZER
Maik Heringhaus, Gevelsberg

MOTOR
Serie, brillant-schwarz lackiert, Wasserkühler, Ölkühler Serie, brillant-schwarz lackiert, Luftfilter K&N

RAHMEN
Serie, gepulvert, schwarz-glänzend mit Goldglitter, Heckrahmen Eigenbau, poliert

AUSPUFF
Shark Track, modifiziert, Krümmer ab Sammler in liebevollen Eigenbau, Krümmer Edelstahl, komplett poliert

FRONT
Gabel Serie, Gabelbrücken obere ABM poliert, untere Serie, poliert, Lenker LSL Streetbar, verchromt, Armaturen Serie, teilpoliert, Instrumente Fahrradtacho und Eigenbaukonstruktion, Lampen Aprilia Doppelscheinwerfer, Blinker vorne Kellermann mit weißen Gläsern, hintere Blinker in Kellermann-Micro-Optik mit LEDs

FUSSRASTENANLAGE
Lucas, poliert

HECK
Höcker StreetMachine-1/Eigenbau, Sitzbank Edelstahl poliert, Lufthutzen Speed Triple, Federbein: Feder in Rahmenfarbe gepulvert, Federbein lackiert und Ausgleichsbehälter poliert

BREMSEN
Serie, Stahlflexleitungen

RÄDER
Serie, Felgenblatt poliert, Felgenstern lackiert in Papangold auf Brillant-silber-metallic

REIFEN
Vorne 1207/70 ZR 17, hinten 210/50 ZR 17

LACKIERUNG
Papangold auf Brillant-silber-metallic

DIABLO

HONDA CBX

„INOX“ von Otto Nijs

Outer-Space

Vorsprung durch Technik – ein Vorrecht deutscher Kompetenz? Ein Niederländer analysiert die Methode der Gegenwart und baut seine Zukunfts-Visionen komplett aus Edelstahl.

Unkonventionelle Denk-Methoden erfordern unkonventionelles Handeln. Otto Nijs aus Nijmegen in Holland hätte das (Rüst-)Zeug zum Designer einer Zeitmaschine. Oft zitiert und viel zu platt? Soll der erst mal beweisen? Hat er schon, augenfällig und rein praktisch mit dieser stählernen Skulptur, quasi einem Terminator auf zwei Rädern. Mein Gott, an dem Aggregat gibt es so Vieles zu sehen – oder besser: eben nicht - dass einem als Berichterstatter glatt die Worte wegbleiben. Aber so ergeht es allen! Allein wilde Gebärden und dumpfe Lautmalereien wiesen allen den Weg: Gleich beim ersten Anblick dieser schieren Unfassbarkeit, im Frühjahr 2002 an der Rennstrecke von Zolder in Belgien, gab es eine Menge Körperverrenkungen und Turnübungen um diesen mächtigen Korpus ganz aus Edelstahl. Otto führte dort innerhalb des Biker-Festivals „Moto-AcXtion“, dass das Magazin „KicXstart“ ausrichtete, vor über 40.000 begeisterten Fans des Motorradsports seine CBX „Inox“ vor, heimste dafür den zweiten Platz im Contest modifizierter Maschinen ein. Auf der Fighterama in Rheinberg im November 2002 rollt er damit vor, „... die Maschine ist zum Fahren da, nicht nur für den Devotionalien-Schrein! Egal, welches Wetter herrscht. Und die Preise auf den Shows sind mir auch nicht so wichtig. Hauptsache, ich lerne viele nette Leute kennen, bringe sie zum Staunen – und hab' ein schönes Wochenende“, schmunzelt der hoch gewachsene Holländer.

Kann das auch fahren? Weltweiter Einsatz als Bestimmung – mit dieser Maschine reist Otto meilenweit.

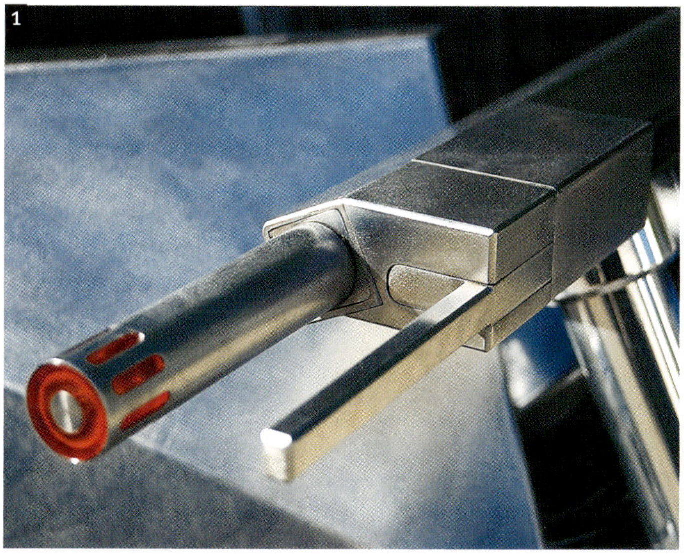

Von Virtualität zur Realität

Am Anfang, fünf Jahre zuvor, stand da erst die Zeichnung. Nur eine einzige Skizze per Hand. Aber dann weiter per 3D-Programm. Nix mit Claim, Lehm, Balsa-Holz oder anderen Modellbauformereien, wie es die Altvorderen praktizieren. Kommt vielleicht daher, dass der Otto erst gar nicht der Branche der Motorradbauer entstammt. Er arbeitet als Lehrer, bringt seinen Schülern an der „University of Professional Education“ den Umgang mit Computern und im Speziellen eben die Anwendung dieses Programms bei. Quasi als Projekt-Bike begann der fleißige Holländer, den CBX-Motor zu vermaßen und entwickelte damit eine Methode, seinen Schülern die Nutzung solcher Darstellungsweisen im 3D-Verfahren nahe zu bringen. Die Komplexität der Maschine war im September 1997 vollständig erfasst. „Die Verführung lag nah, nun ein Design adäquat zu diesem martialischen Triebwerk zu entwickeln. Denn nur der imposante Sechszylinder hat für mich Bestand, das Herz, ein pulsierender Muskel aus Stahl.“ Und über allem steht für ihn der Gedanke der heldisch-makellosen Kubatur: „Es sollte schmal und einfach sein, um den

Abb. 1: *Kunst aus dem All? Richtungsweisendes aus Kunststoff und Metall*

Abb. 2: *Martialisches Triebwerk: Das CBX-Herz, ein pulsierender Muskel aus Stahl*

Abb. 3: *Mirror-Error: Ausgeklügelte Kamera-Technik für das Geschehen jenseits vom Heck*

Abb. 4: *Third Eye: Der Monitor in der Tank-Attrappe erlaubt einen Blick nach hinten.*

Honda CBX „Inox“

BESITZER
Otto Nijs, Nijmegen, Niederlande

MOTOR
Honda CBX 1000, Hubraum 1.047 ccm, Dynojet Stage 3, K&N Filter

RAHMEN
Komplett Eigenbau aus Edelstahl-Rechteckrohren, geschweißt von Willy Naves.

AUSPUFFANLAGE
Komplett Edelstahl vom Besitzer entwickelt, geschweißt von Willy Naves, Sechs-In-Sechs-Anlage

GABEL
Suzuki GSX-R 1100 USD (Original-Teil)

RÄDER
vorne: 17 Zoll Suzuki GSX-R 1100, Pirelli Diablo 120/70-17,
hinten: 17 Zoll Suzuki GSX-R 1100, Pirelli Diablo 190/55-17

BREMSEN
Front Nissin-6-Kolben, Heck Nissin-4-Kolben

LENKER
Komplett Eigenbau aus Edelstahl aus mehrteiliger Eigenkonstruktion mit integrierten Handpumpen und innenliegendem Gaszug. Alle technischen Funktionen innen liegend mit nach außen nicht sichtbaren Magnetschalter zu betätigen. Mit LED-Anzeige für Leerlauf, Drehzahlmesser, und Öldruck. Geänderte Tachometer Sigma Digital Speedo im Display zuständig für Geschwindigkeit und Maximum Speed, Zeit, Reichweite und zurückgelegte Entfernung

LAMPEN
Front: Star-Twin Headlights,
Heck: Eigenbau

SCHWINGE
Eigenkonstruktion aus Edelstahl (geschweißt von Willy) mit GSX-R 1100 Rad, Showa-Federbein, modifiziert

SCHUTZBLECHE
2 mm Edelstahl, Eigenbau, geschweißt von Willy

TANK
Aluminium-Tank, Eigenkonstruktion, geschweißt von Willy Naves, verborgen unter Tank-Attrappe klappbar, mit LCD-Monitor-Bildschirm für die Heck-Kameras anstelle von Spiegel, aus Edelstahl, integriert mit Batterie-Box 55” und Elektronik

SITZ
Stahlplatte, 15 mm stark

ELEKTRIK
Kabelbaum Eigenbau ohne sichtbare Kabel, sämtliche Schalter als Reed-Kontakte mit Relais ausgeführt, zwei stickstoffgefüllte und beheizte Videokameras (Spezial-Konstruktion) unter dem Sitz anstelle von Spiegeln, LCD-Display im Tank, LED-Kette als Drehzahlmesser, LCD-Tacho, Eigenbau Blinkergläser und VA Griffe. Magnetschalter zuständig für Start, Beleuchtung, Tachobedienung, Hupe etc. – Betätigung per Berührung mit Magneten in speziellem Leder-Handschuh

LACKIERUNG
Keine! Alles VA-Stahl, 3 mm stark!

Motor umso gewaltiger in Erscheinung treten zu lassen. Und winkelig, kantig muss es sein! Und gänzlich ohne Farbe. Und mit einer ununterbrochenen, glatten Oberfläche, ohne störende, herausragend schnörkelige Elemente!“ Einen Zwischenschritt in der Evolutionsgeschichte umschreibt der wackere Holländer mit: „Check the Mickey Mouse mirrors ... ganz banal Spiegel, die passen da gar nicht!“ Außerdem hatte der Apparat natürlich unter Ausnutzung sämtlicher technischer Möglichkeiten die Maßhaltigkeit auf seine hoch gebaute Statur einzuhalten.

Raum und Wirklichkeit

Erst zweieinhalb Jahre nach dem ersten „Pinselstrich“ erlaubte der Inox-Erfinder bei einer feierlichen Enthüllung den ersten Blick seiner Familie und dem engsten Freundeskreis. Aber nur ein halbes Jahr weiter war gut nicht mehr gut genug.

Um die Oberfläche weicher zu gestalten, mussten die Mickymaus-Spiegel den fast investigativ arbeitenden beiden Kamera-Augen unterm Sitzmetall weichen (mit Monitor in der Tankattrappe, klar), eine auf den Typus bezogene Sechs-in-Sechs-Auspuffanlage und im Inneren des Lenk-Kantstahls verborgene Magnetschalter anstelle von grobmotorigen Außeninstallationen. So wird die Maschine wie von Geisterhand gestartet, das gleiche gilt für sämtliche Kontrollfunktionen. Tatsächlich absolviert der Präzisionsfanatiker alle elektrischen Impulse mit seinem speziellen Magnet-Handschuh. Eine fast unsichtbare Berührung an irgendeinem scheinbar imaginären Punkt auf der Tankattrappe oder am Lenkerstahl löst den gewünschten Vorgang aus. Mit welch einer Präzision sämtliche Details zur Ausführung von ihm und seinen Freunden Willy und Jan aus der Metallbearbeitungs- und Design-Szene kamen, lässt sich anhand der Bilder

Rechte Seite:
Vollstrecker-Modus: Als wären Zeitreisen einprogrammierbar, wüstes Drehmoment inbegriffen. Mit souveränen Kraftfluss aus dem CBX-Flux-Kompensator

CRAFT

Silberne Eminenz, Herr zwischen Licht und Schatten, von kühner Eleganz ...

eher erahnen als mit schnöden Worten ausdrücken.

Eines wird auf jeden Fall klar: Die Assoziation zu dem, was ES darstellen soll, liegt zum Greifen nah. Wer bis jetzt noch nicht drauf kam, der sehe sich Ottos klar gegliederte und detaillierte Website an unter www.cbx-inox.com. Der berühmt-berüchtigte Stealth Bomber Lokkheed F-117A war ursprünglich in seinem Aussehen konstruiert um Radarkontakt zu entgehen. Das New-Edge-Design vermittelte den futuristischen Look, mit dem auch die Fahrmaschine ihres genialen Erfinders aus Nijmegen seinen „deep impact“ zu erzeugen weiß.

Absolute Härte ist befohlen!

Mittlerweile mussten auch die letzten weichen Stellen am Kraftrad weichen. In der Version Stage III bereitete Otto den schwarzen Gum-

Die am Bau Beteiligten:

- Jan van Atteveld, für haargenaue Analysen und sehr intensive Hilfe.
- Willy Naves, für fachmännisches Allround VA-Können.
- Die Firma Orlaco (www.orlaco.nl), für uneigennützige Hilfe bei der Entwicklung für dieses spezielle Kamera-LCD -System.
- Percy Buurman, für fachmännisches Fräsen.
- Simon Olyslager, für Hilfe bei der Elektrik
- Kees Hadderingh, für Hilfe bei den Schutzblechen.
- Die Firma PolyStone, für Hilfe bei den Schutzblechen und Blinker.
- Stefan Jung, für Revision des Motors.
- Klaus Sarembe, für die Organisation der GSX-R Teile.
- Bert Vonderman, für Tipps und Ausleihen von Teilen.
- Honda Japan, für den schönsten Motor, den es gibt.

migriffen den Garaus. In präziser Konsequenz fasst die magnetisierte Lederhand nun auch hier nach Edelstahl. Das „Blinkerglas“ fabrizierte der Pedant aus dem Spritzguss-Griffmaterial von Schraubendrehern. Endlich fielen auch die schnieken Karbon-Fender und machten Platz für stahlharte VA-Schutzbleche. Solch einem Stahl-Monolithen gebührt nur die Eine ausgewählte Kulisse zur bildhaften Darstellung: Der silbernen Eminenz geziemt eine Flut aus Silber- bis Schwarz-Tönen, als Herr zwischen Licht und Schatten von kühler Eleganz... Die Herren der Firma Brüninghaus Draht, selbst motorsportbegeistert bis in die Gashand, finden Gefallen an der wuchtigen Fahrmaschine des Holländers und lassen sich, ebenso wie ihre Mitarbeiter ausgiebig über diese Erfindung informieren. Klar: Ein maximal starker Körperbau um ein machtvolles Triebwerk, an dem mystische Linien voll Kraft und Kreativität sich vereinen - Die neue Schärfe, schierer Schub als Sinnbild, eine Strategie, mit der alle uniformierten Gleichteile universal planiert werden – oder anders ausgedrückt, dass der Otto mit den Gravitationswellen aus seiner CBX-Inox Raum und Zeit des ganzen Universums – lässig – durchschüttelt.

Absolute Härte: Ohne weiche Stellen, ohne Farbe, ohne Schnickschnack – ohne Radar-Kontakt?

Heilige Dreifaltigkeit: Fanal von Auspuff-Endrohren, das Ganze jetzt mal Zwei nehmen!

SUZUKI

SUZUKI SF 650

von Jens vom Brauck

Linientreue

Solist in perfekter Line. Denn ein Einzylinder wird selten zum Design-Bike-Contest aufgerufen – geschweige denn mit Feinschliff beherzt in Form gebracht. Eine Kawa-Suki-Single-Produktion, noch bevor Konzern-Riesen sich entscheiden konnten.

1000
V72

VOXAN CAFÉ RACER V 1000

von Maik Rosenberg

Sinnvoll schwungvoll

Beim Anblick dieses Café-Racers könnte sich schnell eine heftig ansteigende Fieberkurve breit machen. Wenn ein Rennsport-ambitionierter Geschäftsführer den etwas anderen V2 noch mal verstärkt.

Abb. 1: Aus Liebe zum Detail: Handgearbeitete Riser an der selbst erfundenen Gabelbrücke

Abb. 2: Eleganter Schwung: Eigens kreierte Halterung fürs Karbon-Endrohr

Die 72 Grad stehen für den exotischen Zylinderwinkel der französischen V2-Maschine von Voxan – mit dem schwungvollen „X" mitten im Schriftzug, Inbegriff der kapriziösen Extravaganz.

Höre mit der Seele!

Dortmund Motorrad-Messe 2001: Der Attendorner Maik Rosenberg pendelt unschlüssig zwischen den bunten Exponaten der Twin-Nationen von Ducati und Aprilia herum, da vernimmt er herrliche V2-Musik. Für Maik eine Erleuchtung: Nur einmal um die Ecke gebogen stand sie da, die elegante Französin. „Die Voxan war für mich so gut wie unbekannt, aber als ich sie nach dem Hören auch sah, da wusste ich: Die und keine andere muss es sein!" Für den Wirtschaftsingenieur gab es kein Zurück mehr.

Lust statt Frust

Ritter der Landstraße sind Maik und Freund Volker (ein Buell-Treiber) sowieso. „Die hochgezüchteten Japaner lassen uns kalt, stehen mit ihren prall gefüllten Antriebsaggregaten doch häufig vor den Kurven eh nur im Weg rum.

Abb. 3: Füllige Motorleistung im extravaganten V2-Kraftpaket mit 72-Grad-Layout

Abb. 4: Offenherziger Eyecatcher: Der gläserne Kupplungsdeckel entstand in der eigenen Werkstatt

Formensprache: Solch ein Heck bewegte schon so manche Rennlegende

Bei meiner Voxan ließ ich nur ein gezieltes Fahrwerks-Motor-Tuning durchführen, um die Französin etwas mehr aufzupeppen." Michael Stöcker von der Firma Sport-Connection, ein sportlich versierter Mann aus Fürth im Odenwald kennt sich mit der Voxan bestens aus und bietet ein ausgereiftes Konzept an. Stöcker bearbeitete sanft aber effektiv die Glätte der Kanäle in den Zylinderköpfen, vergrößerte die Drosselklappen, optimierte die Luftzuführung und gab am Ende der Nahrungskette einer bei Voxan direkt erhältlichen Sport-Auspuffanlage den Vorzug. Das Gesamtpaket kredenzt Herr Stöcker selbstredend mit einer adäquaten Einspritzung. Daraus erklärt sich zum einen die füllige Motorleistung von gut 115 PS und über 100 Nm Drehmoment, zum anderen der Sound-Orkan, mit dem diese Voxan die Körpermitte zum Vibrieren bringt.

Volumen-Modell

Atmosphärische Dichte erzeugt dazu das auf Landstraßen spezialisierte Fahrwerk made by Sport-Connection. Die Paioli-Gabel hält mit überarbeitetem Setup die Front kompetent in Stellung, während das Federbein von Wilbers an der Hinterhand für voll einstellbare Verhältnisse im Kurvendickicht verantwortlich ist. „Vom ganzen Fahrverhalten her spricht die Maschine viel direkter an, das Fahrwerk saugt sich an den Asphalt wie der Wels ans Aquariumglas." Michael hielt immer wieder Rücksprache mit Maik, der dann noch an der Vorderhand Lucas-Bremsscheiben sein Ja-Wort gab. Nicht zu vergessen der Kurz-Gasgriff, der für nahezu telepatische Gemisch-Umsetzung Richtung Vortrieb bereit steht. „Michael Stöcker hätte mich nicht ohne vom Hof fahren lassen, der hat da extrem drauf bestanden. Und er hatte absolut recht. Voll geil, das Teil."

Voxan Café Racer V 1000

MOTOR- UND FAHRWERKSTUNING
Sport Connection, Michael Stöcker, Erbacherstraße 62, D-64658 Fürth/Odenwald, www.sport-connection.de

MOTOR
Viertakt-Zweizylinder-72-Grad-V-Motor, wassergekühlt. Vier Ventile pro Zylinder, dohc. Bohrung x Hub 98 x 66 mm, Hubraum 996 ccm, Trockensumpfschmierung, E-Starter, Sechsganggetriebe, hydraulisch betätigte Mehrscheiben-Ölbadkupplung, O-Ring-Kette, hier: 115 PS bei 100 Nm, optimierte Benzineinspritzung, bearbeitete Kanäle und Lufteinlässe

FAHRWERK
Brückenrahmen aus Alu und Stahl, vorn Paioli-Gabel, Setup überarbeitet von Michael Stöcker, Zug- und Druckstufe voll einstellbar, hinten Mono-Federbein optimal abgestimmt auf den Fahrer, Wilbers Suspension; Bremsanlage 320-mm-Lucas-Doppel-Scheiben-Bremse mit Brembo-Vierkolben-Festsattel vorne und Zweikolben-Schwimmsattel hinten

RÄDER UND REIFEN
Auf LM-Guss-Felgen vorne 3,50 x 17, 120/70 ZR 17, hinten 5,50 x 17, 180/55 x 17 Zoll, Michelin Sport Race, Radstand 1455 mm,

BESONDERHEITEN
Voxan-Sport-Auspuffanlage mit aus dem Vollen gefrästen Aluminium-Halterungen inklusive Rahmenheckverschraubung und angepasster Krümmeranlage an den höher angebrachten Karbon-Endtöpfen; Eigenbau Gabelbrücke und Riser mit Dragbar-Lenker, Kellermann-Blinker, Kurz-Gasgriff, Zubehör-Spiegel mit Eigenbau-Halterungen, Rizoma-Hydraulik-Flüssigkeits-Behälter; Eigenbau Ritzel-Abdeckung mit Aufnahme für hydraulische Kupplungsbetätigung; Nummernschildhalterung aus Aluminium; Gläserner Kupplungsdeckel und Abdeckung aus Aluminium als kombinierter Eigenbau, Fußrastenanlage selbst konstruiert aus acht Einzelteilen, alle Alu-Teile aus dem Vollen gefräst und poliert; neue Lackierung mit einlackierten Schriftzügen, teilweise selbst entworfen

BESITZER/MIT-ERBAUER
Maik Rosenberg, Attendorn

NEUER IMPORTEUR
Sachs- Fahrzeug- und Motorentechnik, www.sachs-bikes.de

Schwungvolles Vollstrecken und Schrecken aller Superbikes: Maik, V2-bereit!

Das Werk werkt

Maik wäre nicht ein Rosenberg, wenn der sich nicht auch seiner und die seiner Genossen angeborenen technischen Fähigkeiten bedienen würde. Der hauseigene Werkzeugbau fungiert auch mal als Entwicklungszentrale „Motorrad", Abteilung „Projekt Voxan-Modifikation" in allen metallischen Bereichen. „Einige Baukasten-Komponenten, die einer Black Magic wohl noch mehr Halt verleihen sollen, fehlen zum Glück noch an diesem Café Racer aus 2001. Die ausgefalleneren Komponenten fügten wir aber hinzu." Die Mannen aus Attendorn erarbeiteten für diese Voxan eine ganz eigene Gabelbrücke inklusive Risern für den ausladenden Dragbar-Lenker, dem der Landstraßenfahrer eindeutig den Vorzug gibt. Bremsleitungen und Elektronik mussten sich der neuen Ausgangssituation dementsprechend unterwerfen.

Die „Außenspiegel" trafen auch nicht den Geschmack des Halters, so dass Halterungen für die zierlichen Zubehör-Teile spontan in einer Nachtbesprechung selbst erfunden werden wollten. „Der Schlabber-Schwanz von Nummernschildhalterung musste auch sofort beseitigt werden, da hatte ich gerade direkt einen an der Hand, der dafür ein geniales Teil anfertigte." Die Ritzelabdeckung musste ebenfalls einer formvollendeten, feinpolierten Einheit weichen. Die offene Voxan-Karbon-Racing-Anlage durfte auch nicht lapidar an alten Halterungen hängen. Maik entwickelte ein prägnant schönes Detail, dass nun hochpoliert am Rahmheck prangt, als wenn es nie was anderes gegeben hätte. In einem engeren Winkel thront nun das kehlig tremolierende Akustikteil knapp unterm Heck. Ein weiteres Highlight stellt der gläserne Kupplungsdeckel dar, dem Maik zunächst sehr skeptisch gegenüber stand. Doch sein fachlich versierter Mitarbeiter leistete ganze Arbeit: „Der hat mir sogar kleine Software-Filme von dem Bauteil während der Entwicklungsphase gezeigt in 3-D-Anschauung." Jetzt fehlt eigentlich nur noch die selbstentwickelte Einarm-Schwinge. Der Wille und die Maschinen ständen bereit. Aber damit würde der Kostenapparat gesprengt. Das naheliegendste Projekt ist nur noch die Fußrastenanlage. Eine aufwändige Angelegenheit aus acht Einzelteilen, sorgfältigst poliert. Nach langer Entwicklungsarbeit liegen die Teile bereit, waren aber zum Fototermin noch nicht montiert. Alle Teile sind aus vollem Aluminium gefräst, die Besonderheit dieser Voxan." Der einmalige Café Racer ist zum Schrecken aller Superbikes und zum schwungvollen Vollstrecken auf den Strecken des gesamten Planeten bestimmt. Ganz im Sinne offen ausgelebter Show und angewandter Kompetenz.

Rechte Seite: Gesteigerte Individualität und effizientes Tuning an der ohnehin raren Französin

EXTRA

Folgende Kosten fielen für den Umbau der Maschine an:

Einspritzrechner optimieren für Serien und Racing Auspuffanlage im Austausch	200 Euro
Gabelsetup ändern	100 Euro
Racing-Schalldämpfer Voxan	945 Euro
Sportfußrast, gefräst, verstellbar	638 Euro
Federbein Technoflex, voll einstellbar	740 Euro
Drosselklappen vergrößern, Luftführung optimieren, Ansaugkanäle, Einspritzrechner anpassen, Leistung 112–115 PS	1.200 Euro
Kurzweg Gasgriff inkl. Zug und schmaleren Lichtschalter	220 Euro

1000
V72

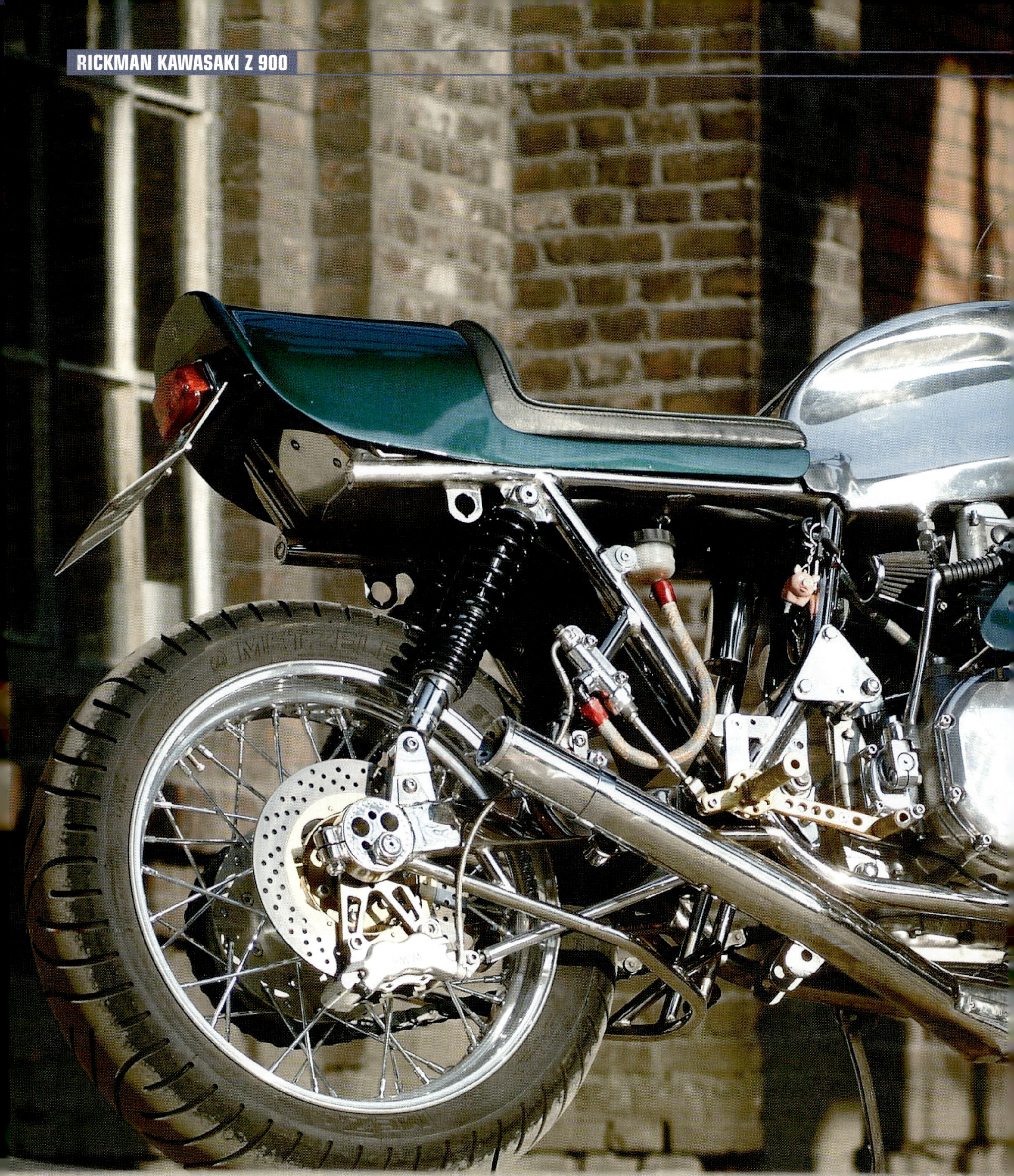

RICKMAN KAWASAKI Z 900

von Thomas Knoop

Driving-Machine

Ein englischer Rickman-Rahmen darf in der zweiten Hälfte seines Lebens erfrischt zupacken. Mitte der Siebziger erlebten diese Fahrwerke mit japanischen Four-Triebwerken ein würdiges Comeback.

Deutsche Wertarbeit am Rad, ausgezeichnet mit robuster WiWo-Bremszange an klassischer Akront-Drahtspeichen-Felge

Im Ruhrgebiet reifte eine runderneuerte Zuneigung zum geschliffenen Zehn-Karäter heran. „Mein Bruder hat schon vor ein paar Jahren begonnen, mit Rickman-Rahmen zu arbeiten. Der hier war irgendwann mal übrig geblieben und ich hab mir das Teil an Land gezogen. Standardmäßig sind diese Rohrgeflechte alle vernickelt und handgelötet, vereinnahmen den Fankreis deshalb zuallererst mit diesen wunderschönen Nähten. Dazu sind die Rohre unwahrscheinlich dünnwandig, aber von enorm hoher Steifigkeit.“

Kein Wunder: Die Erfinder des Rickman-Rahmens fighteten bereits in den 50er- und 60er-Jahren als Trail- und Geländesportfahrer um Sieg und Ehre. Von daher wussten die Gebrüder Derek und Don Rickman, welch harten Anforderungen an ein Fahrgestell gestellt werden. Bereits 1959 präsentierten die Brüder ihr erstes Wettbewerbsmotorrad unter dem Namen „Rickman Metisse Mark I“. Weitere Evolutionsstufen folgten und verbreiteten mit den unterschiedlichsten Triebwerken im immer ausgereifteren Fahrwerk ihren guten Ruf bis in den Straßenrennsport.

Historische Zitate

„Bei ‚Karl am Kanal' in Gelsenkirchen hatte ich damals die erste Rickman-Erscheinung und hoffte in England am Ace Café mehr davon zu sehen. Leider vergeblich. Ich hab jedenfalls den Rahmen wieder neu vernickeln lassen und dann erst mal über ein Jahr auf diversen Oldtimer-Flohmärkten zugebracht, um das steile Ding neu zu bestücken.“ Den Höcker erstand der zweifache Familienvater aus Essen „als Rohbau“ irgendwo, modifizierte ihn nach Gutdünken im Stile einer alten Rennmaschine. Das „R“ für eine Rickman weist hier im gediegenen Sitzleder wie dort geflissentlich über der Heckleuchte auf ihre bedeutsame Herkunft hin. Natürlich prangt auch ein Union Jack auf der Seitenverkleidung der opulenten Frontverkleidung. Die Fischer-Schwinge hielt bereits im ersten Leben das Rad einer Z1000 und nun eben dieses alte, stilgerechte WiWo-Rad zusammen mit der entsprechenden Bremsanlage. „Den Aluminium-Tank habe ich mir mal komplett schicken lassen. Er passt wirklich gut in das System.“

Hehre Arbeit

Als Maschine wählte der KfZ-Meister einen alten Z900-Triebling aus, „weil der noch eine leichte Kurbelwelle mit mehr Drehfreude hat im Gegensatz zu den fetten Dingern, die danach kamen.“ Schließlich befasst sich der 37-Jährige bereits seit seiner frühesten Jugend mit den Vintage-Mopeds. „Meine alte Katana verkaufte ich damals leider, nachdem das erste Kind geboren wurde.“

Abb. 1: Eines englischen Ace Café-Racers allemal würdig – diese Mischung aus Rickman-Rahmen und Teilen anderer Hersteller.

Abb. 2: Im Stile der traditionellen Café-Racer präsentieren sich alle Teile mit hohem Spezialistentum auf Hochglanz poliert und aufs Wesentliche reduziert.

Nichts dem Zufall überlassen werkt hier eine piekfeine Exzenterverstellung an der Kasten-Schwinge von Fischer mit Unterzug.

Thomas Knoop erfüllte sich mit dieser hoch geachteten Rickman einen Lebenstraum. Er verstarb viel zu früh.

Die erste Testfahrt ging zum Ace Café. Das Aggregat bewährte sich bis auf eine leichte Undichtigkeit des Ventildeckels. Aber solche Kleinigkeiten lassen sich locker bewältigen. Wenn sie rollt, dann rollt sie. Kein Flattern, keine Schwingen, alles funktioniert einwandfrei. Selbst bei der TÜV-Abnahme gab es keine Diskussionen, nur den Fahrrad-Tacho wollte man erst nicht akzeptieren. Ansonsten sperrte sich keiner gegen all diese Qualität.

Keine andere Farbe außer British-Racing-Green an der prächtigen Renn-Verkleidung aus hehren Zeiten.

Rickman–Kawasaki Z 900

Rahmen: 1981
Erstzulassung 13.05.1981,

ERBAUER/BESITZER
Thomas Knoop, Essen

FRONT
Telefix-Lenker 800mm, Halbschalenverkleidung Rickman, Windschild Polybauer, Scheinwerfer Original Z 900, alle Halter original, vernickelt, Blinker Kellermann, Drehzahlmesser Pitsch-Kröber, Sigma-Tachometer, LED-Anzeigen, Gabel und Gabelbrücken (modifiziert) Suzuki GSX 1100 EF mit Anti-Dive-System

BODYWORK
Aluminium-Tank 24 Liter, zurückverlegte Fußrasten von Moto Italia

MOTOR
Kawasaki Z 900, Leistung 63 KW, K&N Luftfilter

AUSPUFFANLAGE
Speed Products KZ 100, 4 in 1-Anlage

BREMSEN
vorne: Zwei-Kolben Schwimmsattel Suzuki GSX 1100 EF mit Anti-Dive-System, hinten: WiWo Bremsanlage, Stahlflex-Bremsleitungen

HECK
Modifizierter Höcker aus Restbeständen, Koni-Federbeine, Kastenschwinge von Fischer für Z 1000 mit Unterzug und mit WiWo-Rad und Bremsanlage, verchromt

RÄDER/REIFEN
Akront-Drahtspeichen-Felgen, vorne 110/80 x 18 Zoll mit Kawa Z900-Nabe, neu eingespeicht im Suzuki GSX1100-Rad, hinten 160/60 x 18 Zoll WiWo-Rad

LACKIERUNG
British Racing-Green

LEERGEWICHT
250 kg

LSL
BONNEVIL

TRIUMPH BONNEVILLE LSL

von Detlef Achterberg

Performance and Café

Triumph Bonneville in englischer Tradition: Ein Café-Racer, der lieber rennt als in Kaffeepausen pennt. Ein Klassiker mit der Atmosphäre der wilden 50er- und 60er-Jahre, dem intensiven Lebensgefühl des „Black leather rebel cult" zu Zeiten des Rock'n'Roll.

Detlef genießt das erhebende Gefühl, nach getaner Arbeit seine Bonnie mit voller Genugtuung betrachten zu können.

Der Café-Racer Triumph Bonneville, ein Kleinod der über 100-jährigen, bewegten Firmengeschichte spiegelt sich hier im milden Sonnenlicht eines ruhigen Wintertages in Krefeld an der Burg Linn. Detlef Achterberg, Mitarbeiter der Firma LSL-Motorradtechnik in Krefeld, hatte die Engländerin schon lange in sein Herz geschlossen. „Bei einer Foto-Session im Studio verbrachte ich den ganzen Tag mit diesem Kraftrad, betrachtete in der Zeit jede Schraube, jede Linie, jede einzelne Falte – auch ihre Grübchen – und empfand schon damals: mehr braucht kein Mensch. Nicht mehr Druck auf öffentlichen Straßen, nicht mehr Ausdruck, denn sie vermag so enorm viel Ausstrahlung zu vermitteln. Ein Motorrad im klassischen Stil. Verkleidungen und bunte Farben hat sie nicht nötig."

Eine pure Fahrmaschine ist dem im vierrädrigen Leben Opel Speedster fahrenden Achterberg besonders wichtig. „Ich wollte einen Cafe-Racer, mit aktuellen Fahrwerkskomponenten und obendrauf „High- and Race-Tech" der Jetztzeit." Was liegt da näher als in das Regal seines immer um neueste und beste Standards von Motorrad-Parts bemühten Arbeitgebers zu greifen.

Der Chef persönlich steht schließlich mit Rat und Tat zur Seite. „Mit diesen Lenker-Stummeln, die dort an der Gabel klemmen, fährt auch ein Stefan Nebel in der IDM (Internationale Deutsche Meisterschaft). Die Sport-Match-Stummel verwenden auch viele Teams bei den Langstreckenrennen, weil die bei Bedarf geschwind zu wechseln sind." Hinten funktioniert als hochtechnische Komponente ein Wilbers-Fahrwerk, fein genau abgestimmt auf Bike und Rider. An der Front entsprechen jetzt dem modernen Zeitgeist der Verzögerung die verwendeten Carbon-Bremsbeläge von Lucas und dazu gehörige Stahlflexleitungen.

Aktuelle Custom-Parts wie das Dioden-Rücklicht und die kleinen Kellermann-Blinker wirken durch ihre Zurückhaltung niemals deplaziert an dem englischen Racer. Zeitgemäße Ingredienzien - in klassischer Optik verpackt.

Auf der Straße benötigt Detlef keine 150 PS, um glücklich zu sein: „Die Bonneville stellt für mich genau den Kompromiss zwischen Rennstreck und Straße her. Sich drauf setzen und fahren – ohne ewig im Bereich von Leistungswahn und Illegalität zu triggern."

Aber ganz ohne Engineering sollte die Bonnie auch nicht bleiben: Ein Dynojet-Kit aus England bereichert die Gemischaufbereitung. Der Zylinderkopf wurde geplant, die Kanäle optimiert. Die Auspuffanlage modifizierte Detlef und seine Crew mithilfe innovativer Bauteile: „Von den fein gebogenen Krümmerrohren fertigten wir erst mal nur zehn Sets. Das Rohrwerk filigran um den Motor zu ziehen gilt ja als klassische Variante für den Cafe-Racer. Nur die Endrohre

LSL Triumph Bonneville

ERBAUER
Detlef Achterberg und Team
LSL Motorradtechnik,
Heinrich-Malina-Str. 107,
47809 Krefeld, Fon: 02151-55590,
Fax: 02151-548416; e-mail:
info@lsl-motorradtechnik.de

MOTOR
360ø-Paralleltwin, luftgekühlt, DOHC (Kette), 4 Ventile/Zyl., BohrungxHub 86x68 mm, 790 ccm, Verdichtung 9,2, Doppelvergaser, 36 mm, Elektrostarter. 60 PS , 62 Nm bei 3.500/min. U-Kat.

KRAFTÜBERTRAGUNG
Mehrscheiben-Ölbadkupplung, 5 Gänge, Kette

FAHRWERK
Doppelschleifen-Stahlrahmen, Telegabel, 41 mm, Stahlschwinge, 2 Federbeine, Federbasis einstellbar

BREMSEN UND RÄDER
Scheibenbremsen mit Doppelkolben-Schwimmsattel, v. 310 mm, h. 255 mm. Stahlspeichenräder 18x2.50 und 17x4.25 Zoll, Reifen 110/80-18 und 150/70-17

ABMESSUNGEN
Radstand 1493 mm, Lenkkopfwinkel 61°, Nachlauf 117 mm, Sitzhöhe 775 mm,

BESONDERHEITEN
Trockengewicht 205 kg,
Tankinhalt 16 Liter
Spiegel „Pista", Roadracing, ab 169,00; Lenkerstummel „Sport Match Offset-High" mit zölligen Lenk-Rohren, ab 159,00, Rohre Paar ab 35,95; LSL-Fußrastenanlage für Bonneville ab 289,00, Soziusrasten 99,00; Gabelbrücken unspezifiziert von Harley, gefräst; Gabelverbreiterung, Gabelstabilisator von Yamaha XJR 1200, Gabelinnenteile von Wilbers, Schutzbleche von Yamaha XS 650, modifiziert, Lenkungsdämpfer LSL Bonneville 199,00; Kellermann-Blinker ab29,90, LED-Universal-Rücklicht 59,95; Instrumentenkit m. Drehzahlmesser 229,00; Lampenhalter mit Alu-Schellen 109,95; Rahmenfeste Zündschloss-Unit 34,95; Auspuffanlage mit Sonderzubehör Krümmer und Endtopf, auf Anfrage, Sitzbank-Abdeckung auf Anfrage, Wilbers-Federbeine

PREIS
Ace Cafe London Bonneville:11.890 Euro, Umbau Serienfahrzeug ca. 6.600 Euro

Abb. 1: *Die Uhren auf einer eigens gefrästen Grundplatte im Blick, die zölligen LSL-Stummel immer entschlossenen im Griff.*

Abb. 2: *Englischer Parallel-Twin in klassischer Optik in neuer Technik. Undichtigkeiten gab's gestern, heute nur noch jede Menge Fahrspaß.*

sind hier um ein ganzes Stück kürzer als im Original. Satt und voluminös im Sound, sonor gedämpft, nur die Leistungsabgabe hat marginal gelitten. Die Edelstahl-Schutzbleche stammen von der XS 650 des LSL-Owners, die ebenso fachgerecht mit der Flex bearbeitet wurden von Mitarbeiter Andreas, ebenso wie die Gabelbrücken, die ursprünglich mal für eine Harley angedacht waren.

An die leicht verbreiterte, ansonsten originale Gabel passt nun dementsprechend der Gabelstabilisator einer XJR 1200. Zudem entstammt das Innenleben der Gabel der Federführung von Benny Wilbers. Für die Offset-High-Sport-Match-Stummel drehte die Mannschaft eigens zöllige Rohre. Die Instrumente finden sich auf einer CNC-gefrästen Grundplatte von LSL wieder, „Nur der Tacho ist noch original." Die Lampenhalterung ist eine Neuentwicklung mit CNC-gefrästen Schellen und Dreieck-Streben nach der ganz klassischen Linie. Seitenspiegel von Roadracing ergänzen in zurückhaltender Manier das Ensemble. Das Zündschloss der Engländerin befindet sich normalerweise links an der Gabel, nun aber unten am Rahmen, um den Weg auch optisch frei zu machen für die Lampenhalterung. An die schlichte Form des Tanks legten die Jungs keine Hand an, sorgten nur an der Oberfläche durch das Entfernen von Emblemen und der Lackierung für das gediegene Finish.

Die ergiebige Zwei-Personen-Sitzbank entspricht dem Original, nun aber auf einer selbst erstellten Grundplatte und als Draufgabe mit einer abnehmbaren Höcker-Abdeckung ausgestattet. Alle Motordeckel ließ der Bonnie-Treiber schwarz Pulver-beschichten. „Blanke Teile wie auch einen Aluminium-Tank zog ich nur kurz mal in Erwägung, gab den Gedanken aber zugunsten eines lieber schlichten Erscheinungsbildes ohne hochtrabende Dekadenz auf."

Am Ende sieht Detlef alle Vorgaben als erfüllt an: „Wir hatten die Fernziele aus der Kombination von klassischer Optik, aktuellen Rennsportteilen und Fahrdynamik, wobei die Linie des Cafe Racers Triumph Bonneville unbedingt beibehalten werden sollte." Für die LSL-Crew ging der Plan voll auf. Den besten Beweis für die Entwicklung und Durchführung ihres stimmigen Konzepts sehen die Mannen aus Krefeld mit dem Erscheinen des neuen Modells von Triumph: „Die Thruxton 900 ist eine ziemlich gut gelungene Kopie unserer Bonnie."

Zierrat im Klassik-Look: Lampenhalter und Alu-Schellen aus der Krefelder LSL-Produktion

DAYTONA
Original Parts & Accessories
RPM
TOMMASELLI
GUIDA LE MOTO

TRIUMPH THRUXTON 900

von Karlo Eder
und Uwe Klose

TRIUMPHZUG

Einer, der auszog, den ganzen ewigen Bastlern zu zeigen, dass gezieltes Engineering und Fahrkönnen in wenigen Runden mit den reschen Zeiten die Lorbeerkränze einbringt. Großes bayrisches Herz auf schmalem, englischen Café-Racer.

Rechts: *Der Vife-Ventilator fächelt dem hier optimal positionierten Ölkühler eine frische Brise zu.*

Der Reiter dieser extrem ausgemergelten Triumph Thruxton trieb sich noch vor drei Jahren mit einem Chopper und auch nur auf öffentlichen Straßen rum. Dann verscheuerte Karlo Eder aus Bayern den Lowrider-Kram und bastelte zusammen mit seinem Techniker Uwe Klose an der neu erworbenen Engländerin herum. Die ist nun Trägerin einer speziell angefertigten SINUS-Auspuffanlage und offenbart auch noch ein paar andere interessante technische Schmankerln, wie Schläuche von Melkanlagen und Kälbersaugern. Schließlich kommen die Jungs aus dem Bayerischen, da passt das schon. Karlo erhielt beim ersten Triumph Classic Cup in 2005 gleich mal das silberne Verdienstkreuz für den zweiten Platz in der Gesamtwertung bei durchschnittlich 15 Mitbewerbern an vier verschiedenen Rennterminen auf drei Rennstrecken (Schleiz, Nürburgring und Oschersleben). Im Jahr darauf siegte er beim ersten Lauf zum Clubman-Race in Schleiz, düpierte dabei die ganzen alten Triumph-Hasen ohne große Basteleien mit der schmalen Thruxton.

Brit-Twin-Treiber: *Karlo Eder mit dem heiß gemachten Neo-Klassiker. Der Name sagt schon, dass die Thruxton für die Rennstrecke gebaut ist.*

1

2

Abb. 1: SINUS aus Österreich baut die ausgebuffte Auspuffanlage, am White Power-Federbein stützt sich die K&K-Thruxton ab.

Abb. 2: Karlos britische Lady bringt lässige 202 kg auf die Waage, immerhin 20 Kilo weniger als das Original.

Abb. 3: Die beiden Keihin CR-Rundschiebervergaser sind nicht billig, dafür enorm effektiv. Länge der Ansaugtrichter: 130 mm!

3

Triumph Thruxton 900

BESITZER
Karlo Eder, Böhmerwaldsiedlung 36, D-94133 Röhrnbach
Techniker: Uwe Klose, z. Zt. Bayern

MOTOR
Zweizylinder 4-Takt ,360 Grad, Paralleltwin
Kühlsystem: Luft/ölgekühlt
VS-Triumph Thruxton Modifikation am Ölkühl-System: Wärmetauscher für den Ölkreislauf: Kühler unter Rücksitzbank, zwangsbelüftet
Motorölinhalt : 5 Liter
Verdichtungsverhältnis: 9,5:1
Vergaser: 2x Keihin CR -Rundschieber, 40 mm Durchmesser;
Luftfilterung: Bei trockenen Fahrverhältnissen wird offener Ansaugtrichter mit 130 mm Trichterlänge gefahren, bei feuchter Witterung K&N „Fast Flow“ Luftfilter
Leistung an der Kurbelwelle: 85 PS / 7.400 U/min.
Drehmoment: 87 Nm/ 6.400 U/min
Zündanlage: PVL (CDI)
Lichtmaschine: nicht vorhanden
Abgasanlage: 2-1 Fabrikat SINUS/AUSTRIA
Abgasanlagenmaterial: Krümmer aus INCONEL, Schalldämpfer Titan

FAHRZEUGGEWICHT OHNE BETRIEBSSTOFFE
202 kg

FEDERUNGS- UND DÄMPFUNGSSYSTEM
Hinterrad mit WP-Race Stoßdämpfern, Vorderrad Originalgabel mit geänderten Dämpfungselementen

RAHMEN
Original

VORDER- UND HINTERRADBREMSE
Original

BEREIFUNG
Reifengröße vorne und hinten original
Reifenmarke: Metzeler Racing compound

SCHMANKERL
Diverse Kunststoffmaterialien wie Schläuche und die Motorentlüftung aus dem Landwirtschafts-Bereich (Kälber-Sauger etc.)

HARLEY FLH

von Thomas Müller

Steiler Steiger

Ruhrpott-Tasche Tegtmeier stand dereinst „auf die Frau'n mit de' dicke Oberarme." Nur ein Augenzwinkern weiter streckt sich ein leichter, jugendlicher Körper auf einem Stahlgestell. Die Harley im Knickrahmen präsentiert uns sexy Katharina am Tetraeder bei Bottrop, mitten im tiefsten Ruhrgebiet.

Hoch über dem Ruhrgebiet thront bei Bottrop das stählerne Gespinst des Tetraeder, rundherum riecht alles nach dem Mythos von Kohlebergbau und harter Arbeit. Aber wir wollen nicht in der Erde wühlen sondern mit Thomas, Lupo und Katharina einen Tag auf dieser riesigen Halde der ehemaligen Zeche Prosper verbringen. Hier, mitten im Ruhrpott, wollen wir euch diese gepflegte Harley mit dem 58er-Knickrahmen vorstellen. „So wie die Katharina hier auftritt, so fuhren unsere Altvorderen noch vor ein paar Jahren in die Grube der Umgebung ein,“ erzählt uns Lupo, der selbst ein Aluminium-Schweißermeister vor dem Herrn ist.

Lupo schaffte uns alle Original-Zutaten wie auch die malträtierte Trinkflasche aus dem Familienbesitz heran. Zur Familie gehört auch das nette Model, denn sexy Katharina ist die Tochter von Thomas, der sich als stolzer Besitzer dieses FLH-Eisens outen darf. Die erst 20-jährige Beriebswirtschaft-Studentin kann sich wohl kaum ein Bild davon machen, wie hart es bei der Arbeit im Bergwerk zuging. Dafür passt sie hier jedoch umso besser ins Gruppen-Bild. Die Arbeit an der Harley mit modernem EVO-Triebwerk in 1.340er-Hubraumklasse übernahm Ernie auf seiner Bike-Farm in Dorsten, ein mehr als guter Kumpel von Lupo. Ernie verdingt sich im wirklichen Leben tatsächlich als echter Bauer.

Die geschwungene Auspuffanlage stellte Ernie auf seiner Bike-Farm in Dorsten her

A Perfect Circle

Und so schließt sich der Personenkreis um diese edelschwarze Fahrmaschine mit der so stilvollen Springergabel an vorderster Front. „Die war eigentlich gar nicht geplant, aber als ich mal wieder die Baufortschritte auf Ernie's Farm begutachten wollte, hatte der das wertvolle Teil mal eben provisorisch angebaut. Bei dem Anblick konnte ich natürlich nicht mehr weg-

Der HD-Springergabel konnte Thomas nicht widerstehen, zusammen mit ihr gibt der Belt dieser FLH seine eigene Identität

Generationsübergreifend: Moderne Scheiben-Bremse an 58er Knickrahmen

Katharina genießt ihre Freizeit auf der wunderschönen Harley mit edler Statur

schauen." Thomas hatte sowieso Glück im Unglück. Im Frühjahr 2000 ließ er sich das erste Mal hinreißen, von Ernie eine Harley zu erwerben. Aber gerade mal ein halbes Jahr war ihm die traute Zweisamkeit mit der liebgewonnen Maschine vergönnt.

Bei einer gediegenen Saison-Abschlußfahrt in den groben Harz wurde ihm glatt sein „Baby"gestohlen. Ein paar traurige Tage später aber fand er den Weg in Ernie's gute Stube, der ihm mit einem Kfz-Brief den gedeckten Kaffeetisch versüßte. „Beim Lesen kam mir ein breites Grinsen ins Gesicht. Eine 58er Zulassung, offener Antrieb, seitlich versetztes, kleines Nummernschild – der Deal war schnell perfekt. So kauft man auf dem Bauernhof ein!" Und nicht gerade die Katze im Sack, obwohl: „Der Auspuff war ja eine komplett eigene Ernie-Kreation und keiner wusste, was sich da für ein Sound aus den Rohren drängeln würde. Aber unsere ahnungslosen Bedenken wurden direkt heftig in die Ecke geweht." Music is the key! Fasziniert ist Thomas, der selbst eine Lederwerkstatt besitzt, sowieso vom Ideenreichtum des Ernie. Kommt der aus dem Stall zurück vom Schweinefüttern, geht's direkt wieder rüber in die heilige Werkhalle. „Da hat er einfach mal die schnöde Tachowelle nicht am Vorderrad angebracht sondern am hinteren und sogar fast unsichtbar." Beeindruckt bescheinigt der stolze FLH-Besitzer der Maschine geschmeidige Fahrfähigkeiten: „Absolut alltagstauglich! Und ebenso für weite Strecken korrekt und easy zu fahren." Ein leichter Sprung also von der vergangenen in die jetzige Welt. Und hoffentlich in eine Zukunft ohne gierige Langfinger!

Harley FLH

ERBAUER
Ernie's Bike Farm, In der Ewigkeit 30, 46284 Dorsten, Fon: 02362-65972, Fax: -699224

BESITZER
Thomas Müller, Dorsten

MOTOR
Baujahr: 99, Hersteller: HarleyDavidson, Typ: EVO, Hubraum: 1.340 ccm, Nockenwelle: Andrews, Vergaser: S&S, Zündung: Kontakte, Lichtmaschine: original, Auspuff: Eigenbau

GETRIEBE
Hersteller: Spuhte, Typ: k.a., Gänge: 5, Kupplung: BDL, Primärtrieb:BDL, Sekundärtrieb: Kette

RAHMEN
Jahr: 1958, Hersteller: HD, Typ: Knickrahmen

LACKIERUNG
Farbe: schwarz, Ausführung: k.a.

ZUBEHÖR
Lenker: Dragbar, Griffe: Gummi, Schutzbleche: Eigenbau, Scheinwerfer: macht Licht, Rücklicht: rund, Fußrasten: RST, Fußgestänge: Eigenbau, Elektrik: das Nötigste, Tank: Mustang, gestreckt, Öltank: Fässchen, Sitz: Eigenkonstruktion Thomas Müller-Lederwerkstatt

GABEL
Hersteller: HD, Typ: Springer

SCHWINGE
Hersteller: TTS, Typ: k.a.

RÄDER
vorne: Speichen, Hersteller: Eigenbau, Größe: 130/90, Reifen: Metzler, Bremse: HD, modifiziert
hinten: Speichen, Hersteller: Eigenbau, Größe: 170/80, Reifen: Metzler, Bremse: PM, Vier-Kolben

BAUZEIT
3/4 Jahr,

WERT
nicht wichtig.

DANKE AN
Marco, Ernie, Heavy, Möhre, und meine Tochter Katharina!

Ironhead

HARLEY SPORTSTER XLCH

„Ironhead“ von Ralf Schmidtke

The White One

Von einem, der auszog, um der japanischen „Four-Macht-Stellung“ die Stirn zu bieten. Warum dann gleich nicht mit dem Kontrapunkt einer 69er-Harley-Sportster XLCH, die ihren Starrsinn schon im Namen trägt: Ironhead!

Schnüffel-Stoff: Da richtet sich der Trichter des gut trainierten Treibsatzes mit hungrigem 54er-Vergaser in den Wind

Stählern: Ein Mann und sein Reittier in eiserner Eintracht. Standhaft wie ein ehernes Gesetz. In Sportster XLCH we trust!

Was nützen all die supereiligen Eisen? Da sind die raschen Japaner mittlerweile bei hektischen 160 Pferdestärken angelangt, die gerade mal um die 170 Kilo Schwungmasse in die Grauzonen von Fliehkraft und Asphalt katapultieren – Suzuki GSX-R 1000 nennen sie das 2001. Diese Macht will aber auch bei aller Andacht ehrfürchtig bewegt werden. Wer das schafft? Keine Ahnung! Mit Helm sind sowieso alle potenziellen Bändiger gleich: *Faceless*. Erst das Zusammenspiel von Hirn und Hand trennt Schein von Sein. Da gibt es einen, der holt seine Ironhead-Harley aus dem Stall, keineswegs gramgebeugt ob des 69er-Geburtsjahres. All das Quellende, Schwellende abgebaut, aufs Wesentliche wie das treibende Gewerk reduziert, luftig umgeben von technischen Hilfseinheiten, die Kraft und Arbeit in Weg umwandeln.

Fahrmaschinen ohne Hintergedanken

Ralf Schmidtke aus Solingen weiß als wahrhaft Unerschrockener um Kraft und Herrlichkeit zum Erlangen von Geschwindigkeit. Sei es die heißgespornte Alfetta in frühen Sturm- und Drangzeiten, wo nur das Fliegen hätte schöner sein können. Oder heute mal die MZ Black Panther, weil er unter dieser Flagge auch noch seinen Beruf als Werkstattleiter ausübt. Und nebenbei gönnt er sich ganz frisch das pure Vergnügen der fast schwerelosen Beschleunigung auf der zweitaktenden Super-Moto-Maico. Die er bei magersüchtigen 100 Kilo Lebendgewicht mit munteren 90 Hengsten wie der Pferdeflüsterer, aber nicht nur Kraft der Gedanken anreißt. Aber immer mit Stil und so untypisch für eine Harley aus ganz vergangenen Tagen. Nur, mit der hier kommst du viel schneller zum Höhepunkt, verlierst aber dabei nichts von der Brutalität aus einem Kilokubik. Bloßes Antreten per Gedanken ist aber nicht drin. Im männlich-herben Sinne benötigt es doch noch der althergebrachten Sitte des Kickstartens.

Keine Kapitulation vor dem Übermorgen

Das echte Leben beginnt, der Motor beißt sofort an, dass der Irrwitz hämmernder Eisenköpfe in den mürben Ohren dröhnt und das Hinterrad mit dem Sustain aus 75 PS dreht – bei 115 Newtonmeter. Beim Fahrwerk ist noch alles so, wie die Altvorderen es schufen. Aber die Schwinge, die hat ein Karosseriebauer und Zweiradmechaniker von altem Schrot und Korn mit gebaut. Das Rohrgeflecht wurde mit Sand gefüllt, an zwei Punkten mit der Presse auf zwei Tonnen Federvorspannung gebracht und dann der Oberzug aufgeschweißt. „Die ganze Prozedur haben wir veranstaltet, um das Metallgefüge und die Eigenfederung der Schwinge zu erhalten. Entlohnt wurde uns diese Tortur mit einem regulären Gutachten von der Typenprüfstelle. Aber an diesem Bock findest du eh nicht eine Schraube, die nicht eingetragen ist."

Präzisionsschärfe des Fahrerlebnisses

Die Steifigkeit des Fahrgestells ist mit der einer Guzzi vergleichbar. Italienisches Ambiente vermitteln auch die Marzocchi-Federbeine – auf weichste Stufe eingestellt, denn sie will weich gefahren werden. „All ihre Federwege werden voll ausgenutzt. Und Aufsetzen gibt es nicht. Das Gas bleibt stehen bis Ultimo. Ohne Ekel vor Ecken. Der hintere 160er-Reifen auf der 18-Zoll-Akront-Felge arbeitet ansatzlos und rund wie ein Ballon. Du kannst fast am Arm mit der hellhäutigen Schönheit über den Boden schleifen, formschlüssig den Kurvenausgang finden. Fugennah mit der Fahrbahn verhaftet. Da gibt's kein Wackeln und kein Beben."

Fordere die Elemente

Nicht weniger als einen Flugzeugingenieur ließ Ralf an die Berechnungen für alle Hohlbohrungen an der hinteren Bremsapparatur. „Die Festigkeit der Bremsankerplatte wurde erhalten. Nur lässt sich jetzt der anfallende Bremsstaub durch die gelochte Bremstrom-

Diät: Lochung macht leicht. Das Leistungsgewicht der wilden Sportster entspricht dem einer Ducati 900 SS

Wappentier: Meriten vergangener Zeiten, Symbol der Harley-Herrschaft. Fast zu groß für den schmalen Tank auf dem alters-dürren Körper

mel mühelos herausspülen und die Bremsscheibe erhält immer zugige Frischluft zur Kühlung. Denn die Harley wird an der Hinterhand zum Stillstand gezwungen und erlaubt sich da keine Weichheiten. Auch nicht an dem lochgebohrten Bremspedal mit dem langen Hebelweg. Das war dann mal der Kickstarter eines Vespa-Rollers. Selbst der suggeriert noch das fliegende Gesamtgewicht, das da mit vollgetankten 192 Kilo dran hängt.

Alltag im straffen Sinn

Für die selbstsicher einsetzende Motorleistung hat Ralf sich einiger ergiebiger Modifikationen bedient. Ohne die großen Wünsche nach zuschaltbarem Getöse, nur detailliert und zielgerichtet. S&S Kurbelwelle, Andrews-Pleuel und 54er-Bing-Vergaser von einer 78er-Maico, ohne Kaltstarter und Beschleunigerpumpe.

Natürlich ließ er die neue Einheit komplett individuell abstimmen. Auch auf die selbstgefertigte Auspuffanlage. „Die Krümmerführung bei den Harleys läuft immer vom hinteren Zylinder aus. Ich habe ein gerades Rohr filigran wie in kleine Kuchenstücke zerteilt und so aneinander gefügt, dass die Krümmerrohre um den Maschinenkörper herum passen. Das Ypsilon-Rohr ist aus Stahlguss, stammt von einem VW Scirocco und fungiert gleichzeitig als Sturzpad.“

Last auf der Linie

Den Öltank hat Ralf nach hinten unters Heck platziert. „Die typischen Öltanks versperren immer den klaren Blick auf den V2. Der sollte immer im Rampenlicht stehen.“ Ungezählte Stunden gingen für die Lochbohrungen der Edelstahlbleche drauf. Aber ob lotrechte Wheelies oder Schräglagen entlang dem Horizont – sie bedingen die permanente Ölversorgung der agilen Einheit. „Da oben am Heck fächelt auch noch genug zirkulierende Luft zur Kühlung hin.“

In der Farbe geronnenen Bluts spannt sich die Symbolik der Harley-Herrschaft über durchscheinend blasse Haut, kaum dass die ihr Knochengerüst zu verbergen mag. Aber all die Meriten aus vergangenen Zeiten zeichnen erfrischte Kraftlinien in den Fahrwind. *Fight the faceless !*

Straffheit: Alter schützt vor Anreißen nicht. Um Schonung wird dieser Eisenkopf lange noch nicht betteln

Harley Ironhead

ERBAUER/BESITZER
Ralf Schmidtke, Solingen

MOTOR
Hubraum: 1.000 ccm, Drehmonent: 115 Nm, Leistung: 75 PS, 54er-Bing Vergaser aus Maico Bj. 1978, Ansaugtrichter Eigenbau, S&S Kurbelwelle, Andrew Pleuel, mod. Zündanlage

FRONT
Kleinster zugelassener Scheinwerfer, Halter für Blinker an den Lenkerenden selbstgefräst, Schaltarmaturen selbst kreiert, Gabelstabilisator Eigenbau, Lenkungsdämpfer Zubehör (unverzichtbar)

FUSSRASTENANLAGE
Eigenbau aus FZR 1000 und mehr, Fußbremshebel Vespa-Roller, modifiziert

AUSPUFFANLAGE
Komplett Eigenbau, Ypsilon-Rohr aus VW Chirocco, fungiert gleichzeitig als Sturzbügel

HECK
Öltank unter das Heck verlegt; Federbeine Marzocchi, Schwinge aufwändiger Eigenbau, Bremstrommel modifiziert mit Lochbohrungen zum besseren Reinigen und Belüften

RÄDER
18-Zoll-Acront-Felgen, vorne 100er-, hinten 160er-Reifen

GEWICHT
vollgetankt 192 Kilo

1200

BUELL S1 LIGHTNING

von Harald Dörschel

Bünte Büll

Endlich ein Grund, ins bunte Leder zu fahren und den Gasgriff zu würgen. Als das Brotkasten-Gesetz fiel, stand dem hemmungslosen Genuss des neuen Stoffs aus Milwaukee nichts mehr entgegen. Religions-Freiheit für ein neues Konzept – mit dem tradierten Ami-Eisen hat das nichts mehr zu tun.

Buell S1 Lightning

BESITZER/ERBAUER
Harald Dröschel,
Auf der Koppel 13,
58540 Meinerzhagen.

MOTOR
Harley-Davidson,
Hubraum: 1.200 ccm,
Ausführung Buell S1

ZÜNDUNG
modifiz. Modul

VERGASER
42er-Mikuni mit Karbon-Luftfilter

AUSPUFF
Vance & Hince

SEKUNDÄRTRIEB
kürzer übers. US-Version

RAHMEN
Buell S1, Bj. 1997

SCHWINGE
Spondon-Kastenschwinge, Alu

RÄDER
PM, vorne 3,5-17" mit
Metzeler ME Z1 120/70,
hinten 5.5-17" mit
Metzeler ME Z1 170/60

BREMSEN
PM-Sattel, vorne 6-Kolben,
hinten 4-Kolben

SONSTIGES
Cockpitverkleidung, Bugspoiler, Heckteil mit integrierten Blinkern, Airbrush-Lackierung

In wilder Verzückung greift das Rohrgewürm um den Körper dieser Maschine. Fast scheint es, als würde es ihn wider besseren Wissens wärmen und halten wollen. Im bunt aufgepeppten Bug-Spoiler gewährt nur ein schmales Guckloch den Blick auf das Endstück des formschönen „Vance & Hince"-Rohrs. Eigentlich gebührt ihm ein breitflächiger Auftritt, der seinem Sound gerecht wird – mit dem er übrigens auch den letzten Kostverächter für sich gewinnen kann.

Neue Laokoon-Gruppe

Glaubte die Nation 1996 beim Erscheinen der Buell S1 noch an einen schlechten Scherz des traditionsbewussten Harley Davidson-Mutterhauses, entspannten sich in der Zwischenzeit die Gemüter wieder. Akzeptanz fand das Bike sogar bei der Streetfighter-Fraktion. Das Outsider-Understatement wurde nach Marketingmaßgaben glattgebügelt: Es ist schick, brutal auszusehen. Sogar ein Motor aus der aufrecht cruisenden Kaste darf plötzlich ganz ungeniert im Revier der Straßenkämpfer wildern. Klar: Ruppig ist der Twin-Cam seit eh und je. Baumstammrücken auf glattem Asphalt. Doch Harald Dröschel spürte auch die sensiblen Zonen auf, verhalf dem Raubein zum Sprung in höhere Gesellschaftsschichten. Das ging damit los, dass er den hässlichen Luftfilterkasten, der viele Buuhh-Rufe auf sich zog, in die Verbannung schickt. Stattdessen schmiegt sich nun organisch geformtes Carbon um den 42er-Mikuni-Vergaser.

Trunken vor Farben

Auffälligstes Indiz für die Sozialisierung des Yankee-Eisens ist aber das gefällige Farbspiel, das die harten Strukturen förmlich glattschleift. Noblesse vom angriffslustig in die Höhe gereckten Heck bis zu den integrierten Blinkern. Der wild-wütende Blick der Lampenmaske entkräftet schnell eventuell aufkommende Ahnungen ans Spießbürgertum. Phantasievoll zieht die Lackierung mit all ihren Schattierungen die Netzhaut in ihren Bann. Näher und näher rückt die neugierige Hand der schimmernden Oberfläche, entdeckt das Auge auch die feinsten metallisch-glänzenden Passagen zwischen unifarbenen Flächen, stilisierten Airbrush-Zielflaggen und gezackten Linien auf strahlend-blauem Grund. Dem ausgewogenen Anblick stehen die Metallteile nicht nach. Eine Alu-Kastenschwinge von Spondon hält das hintere Rad, mit einem CNC-gefrästen Alu-Beltrad und kürzerer Übersetzung aus der USA-Version. Der filigrane Bremshalter mit PM-Sattel überzeugt auf der anderen Seite. Relativ ungeschlacht dagegen ist wie gehabt die Motorcharakteristik – dafür hat man eben das pralle Maschinenleben unter sich. Ein spezielles Zündmodul sorgt für noch mehr Leistung. Sicherlich nicht wirklich eine Alternative für „echte" Harley-Afficionados. Doch die hatte Eric Buell auch gewiss nicht im Visier! Endlich mal ein neues Zwei-Zylinder-Layout – hier prädestiniert für ein Put-Law-Tum, das nun sogar marktpolitisch vollig politisch korrekt angewandt werden kann.

Farbenspiel: Ein Yankee-Eisen sucht Resozialisierung in edlem Gewand

Zeiteisen: Am knappen Lampengesicht schützen sich klassische Runduhren

Teamgeist: Neue Laokoon-Gruppe umschließt den eigenwilligen Buell-Motor. Vance and Hince werkt im Orchestergraben

Alu-Allianz: Die nüchterne Schönheit der Spondon-Schwinge und das CNC-gefräste Belt-Rad, fein vereint

YAMAHA
650

YAMAHA XS

von Peter, Mücke und André

Faszination Rüttelmaschin'

Die Leute wollen, dass etwas passiert! Drei Freunde kümmern sich darum. Yamahas Antwort auf ehemals unzuverlässige Engländer war die XS 650, heute selbst ein aufrüttelnder Klassiker

Insignien immenser Infizierung: Peters XS mit den radikalsten Modifikationen

Wenn du die ersten 100 Meter gefahren bist, musst du erst mal deine Augen wieder synchronisieren. Nach sechs Metern tut dir der Arsch schon weh." Der das von sich gibt, ist Peter von Sphinx. Sein Freund Mücke schleppte dereinst den Virus ‚Yamaha XS 650' mit in den Freundeskreis. Peter und André ließen sich von ihrem Kumpel mitreißen. Die drei kommen alle aus der Gegend um Osnabrück, nennen alle eine dieser Parallel-Twins mit der Typenbezeichnung ‚447' ihr Eigen, haben sogar das Baujahr 1980 gemeinsam. Nur die Wege dorthin waren unterschiedlich vom Grad der Schwierigkeit.

Peter als Initiator der Rüttelmaschinen-Flotte berichtet: „Eigentlich baue ich so nebenbei Edelstahl-Auspuffanlagen unter dem Namen ‚Sphinx'. Das Moped hier war regelrecht eine Fundsache. Die hat jahrelang im Wald gestanden. Ich wollte aber bei dem Aufbau einer eigenen Maschine sowieso soviel wie möglich selber machen. Keine Katalogware. Die kam für mich nicht in Frage. Mit dem TÜV-Beamten habe ich alles schon vorher abgesprochen. Der kennt mich ja schon lange eben wegen der Auspuff-Geschichten und meinte nur, „schließlich haste ja Familie. Da wirste ja garantiert verantwortlich genug für dich arbeiten."

Dass hier nicht prinzipienlos in den Tag hineingewerkelt wird, ist unverkennbar. Peter sitzt im Kreise seiner Familie und der Freunde auf der Terrasse. Sein schmuckes Einfamilienhaus symbolisiert den Hang zum peniblen Planen und Durchführen des Eigenbaus, egal ob Immobilie oder mobiler Untersatz. „Das Konzept stand eh schon lange fest, es ging nur darum, die Einzelteile nach und nach zusammenzutragen." Mütze erläutert den Schwierigkeitsgrad des Projekts: „Das Problem bei diesen Geräten ist, dass die Motoren sehr alt und damit auch sehr störanfällig sind. Die Teile sind zum Teil bis zu zwanzig Jahre alt. Das ist nicht gerade ein Anfängermoped, weil du da viel dran schrauben musst, um es gang- und fahrbar zu machen."

Franks XS: long, lean und low würde der Brite sagen

Fakten, Fakten, Fakten

Als 1969 die erste XS1 auf den Markt kam, stellte sie als erste Viertakt-Maschine von Yamaha einen Meilenstein in der Geschichte der Japaner dar. Der 650-Kubik-Parallel-Twin sollte sich fortan als die bessere Triumph Bonneville ihren Käuferkreis erobern. Die Engländer zum Vorbild, aber mit der ausgereifteren Technik? Die Motoren waren wenigstens öldicht und standfest. „Aber der Originalrahmen der XS1 und auch der des Nachfolgemodells XS2 hat sich nach ein paar tausend Kilometern regelmäßig komplett selbst zerlegt." Die Vibrationen des Twins erschüttern auch den hartgesottensten Maschinentreiber. „Für die Schweißnähte der Japaner hätte man vor 20 Jahren besser Patex genommen", meint Peter sarkastisch. „Die Schwingungen gehen alle starr auf die Hinterachse. Da gibt's keinerlei Weichspülerei." Deshalb baute er sich auch Rahmen und Schwinge selbst. Krümmergeschlängel und Rohre sowieso.

Aber: „Insgesamt war ich mit Unterbrechungen ein Jahr am Umbau dran. Inklusive Linkereien einer schwedischen Firma." Denn die Lieferzeit für die georderte Gabelbrücke verdoppelte sich ebenso wie der Preis. „Viele Telefonate, viel verschenkte Zeit. Das sind die Probleme, die einen so ganz nebenbei echt zermürben können. Schließlich mussten alle weiteren Anpassungsarbeiten warten. Bei-

Findig: Peter als Initiator der Rüttelmaschinen-Flotte fand seinen Twin quasi im Wald

Eigensinn: Katalogware gibt's nicht an der schwarzen Sphinx, pure Handarbeit zählt

Idealfall: Viertakt-Maschine als Meilenstein, der 1969 mit der XS1 ins Rollen kam

Gelbfaktor: Easy-Rider-Geometrie an Andrés XS, lange Gabel und Schwinge, gereckt Brücke

spielsweise resultiert ja auch die Länge der Stoßdämpfer aus der Summe des Vorderbaus." Weitere Unannehmlichkeiten passierten mit der Bestellung der Felgen. „Mit schriftlichem Kostenvoranschlag orderte ich sie bei einem Harley-Laden, da wollte der Typ einfach mal eben so 1.000 Euro mehr haben." Solch gemeiner Abzockerei sieht sich der Umbauwillige wohl oft gegenüber gestellt. „Aber wir haben uns immer gegenseitig geholfen und unterstützt." Nur der André hatte weniger Stress. „Es war ein glücklicher Zufall, dass mir die Maschine, genauso wie sie hier steht, angeboten bekam bei einem Händler. Leider kenne ich den Erbauer nicht, aber das Gefährt ist ganz in meinem Sinne aufgebaut. Ich hab sofort nach Anblick zugegriffen." Richtige Originale bekommt man eh nur ganz selten. Aber die Vorteile liegen auf der Hand: „Man kann nicht tief fallen bei der Sitzhöhe." Trotz der unsäglichen Vibrationen. „Grüßen kann man deswegen auch schlecht, schließlich kriegt man die Hand nicht unfallfrei vom Lenker. Man hat so seine Drehzahlbereiche, in denen es angenehm zu fahren ist. Das geht so bis 100/110 km/h." Aber weite Strecken sind auch drin. „Die 750 km von hier nach Passau fahren wir in zehn Stunden. Natürlich haben wir dann alle abfallbaren Teile mit im Gepäck. Für den Ernstfall besitzen wir noch ein Gespann. Das ist wichtig für die Transportfrage, denn wir fahren auch jedes Jahr zum Elefantentreffen. Eben nicht das am Nürburgring, ist ja viel zu nah dran. Uns zieht es immer wieder nach Passau. Auch wenn's teurer und weiter ist. Man sieht hier viel mehr abgedrehte Leute und es kommen viel mehr Zuschauer." Die stehen den Rüttelmaschinisten auch gefälligst zu!

Yamaha XS 650

Baujahr: alle 1980, Typ 447

RAHMEN

Yamaha XS 650, Typ 447, Bj. 1980, Rahmen umgeschweißt, Sitzhöhe ca. 56 cm

MOTOR

Yamaha XS 650, Typ 447, 50 PS, Boyer-Zündung, Umbau auf Ölfilter-Patrone, Mikuni-Flachschiebervergaser gekürzte K&N-Luftfilter

FELGEN

vorne: TTS Edelstahlfelge 3,5 x 17 Zoll mit 120/70 ZR 17
72 V2A-Speichen
hinten: TTS-Edelstahlfelge 6 x 17 mit 180/55 ZR 17
72 V2A-Speichen

SCHWINGE

Eigenbau Edelstahl, 15 cm länger als Original

GABEL

Original um 2,5 cm verlängert

GABELBRÜCKE

Alu, 7 Grad gereckt

LENKER UND RAISER

Eigenbau Edelstahl (Raiser sind einteilig)
Lenker mit Hilfe von V-Team

FUSSRASTENANLAGE

Eigenbau Edelstahl

AUSPUFF

Eigenbau Edelstahl 2 in 1 in 2

BREMSANLAGE

Original mit gelochten Bremsscheiben

EIGENBAUTEN

Kettenschutz, Tacho, Sitz, Gabelhülsen, Seitenbleche (Rahmen) und, und ...

BESITZER UND ERBAUER

Peter (Kölker) von Sphinx, www.XS-Virus.de

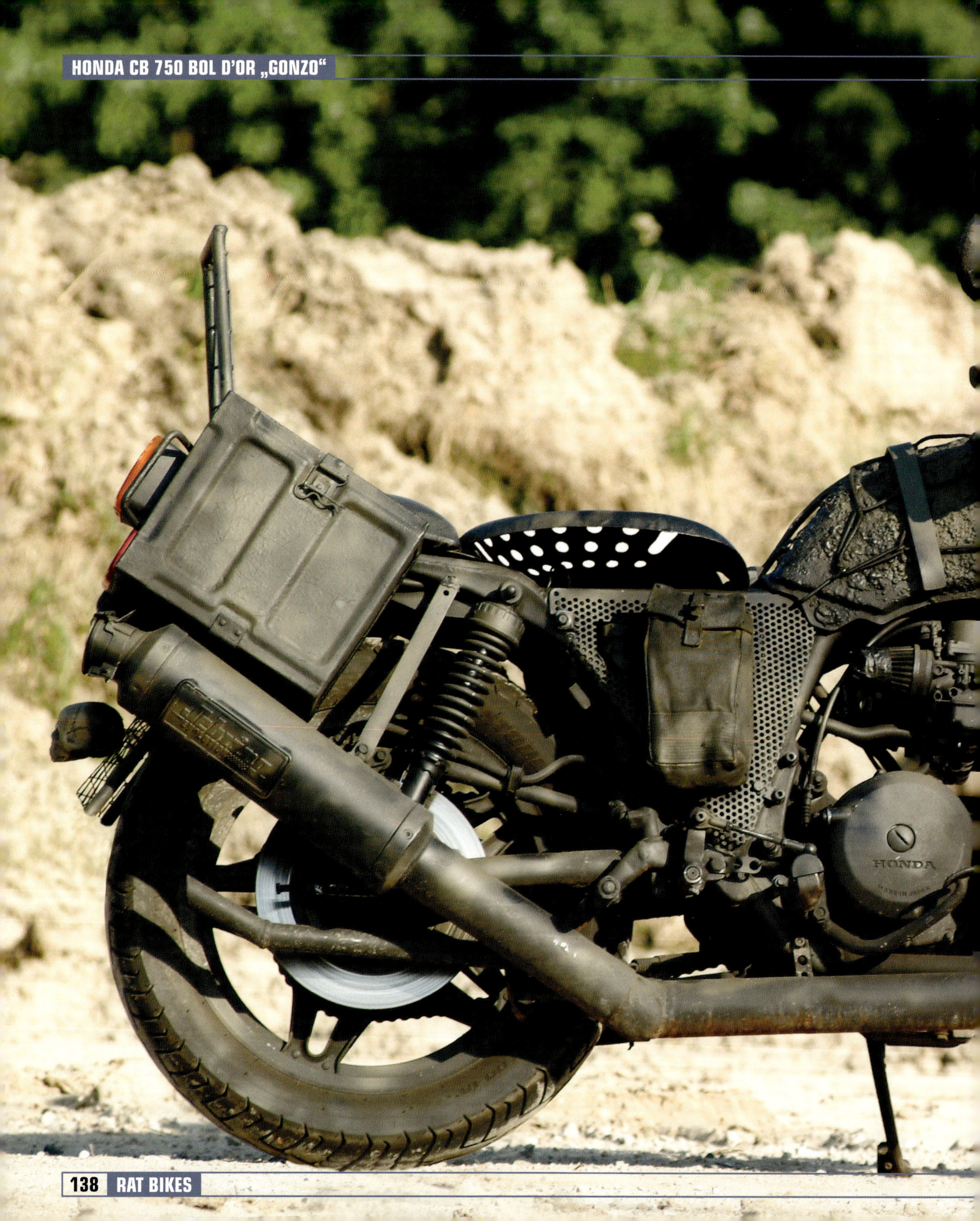
HONDA

HONDA CB 750 Bol d'Or

„Gonzo"
von Floris Velthuis

Die reine Lehre

Ist's dir zu scharf, bist du zu weich! Ein apokalyptischer Reiter kommt auch an fatalen Kernkraftexplosionen innen dran vorbei. Eine 82er-Honda CB 750 Bol d'Or als Opfer einer düsteren Zukunftsprognose. Dabei geht gar nichts ohne Anhänger, typisch niederländisch.

Animal-Transport: Stets ein kleines Tierchen dabei – und alles einheitlich mausgrau.

Manch einer baut sich schon zu Lebzeiten sein Denkmal selbst. Was, wenn das ein Kraftrad ist? Dann muss es so ausschauen wie tief drinnen in der eigenen Seele. Rein. Unverfälscht. Frei wie die Gedanken selbst!

Endzeit-Stimmung? Mitnichten! Das ist erst der Anfang des Nonkonformismus. Kein falscher Glanz wird diesen Kampfstern je berühren. Gitterwerk und bloße Blechkunst umgibt die ungekünstelte Honda. Wie aus der Erdmitte gerissen und gebogen die Kruste, still erkaltet auf dem Tank. Heiß wird's erst wieder, dann aber richtig, spricht das Triebwerk mit den fein drapierten Rippen um die Zylinder. Stürzen sich dann die Verbrennungsrückstände in die gekrümmten Rohre, kippen allesamt tiefer runter zur Sammelstelle im Abgaskanal und streben nach draußen durch die Evolution-Kanne von Sebring. Ein Markenname im No-Name-Land der eigenen Machenschaften. Archaisch gehalten der Anblick wie ein antiker Reitwagen – samt Anhänger und Kupplung. Schließlich ist das Konstrukt niederländischer Herkunft. Da gehört was dran für den Zugbetrieb. Hinzu kommen Suchscheinwerfer und eine in Würde aufgebahrte Ratte. Bei näherem Hinschnüffeln dann die Erkenntnis: Es ist ein weißes Wiesel. Mausetot. Vielleicht gefunden am Wegesrand. Verhungert.

Die leeren Blechdosen füllte Floris nach getaner Mahlzeit mit Anzeigen-Uhren, einem Drehzahlmesser und einem Tachometer. Wie sich das gehört. Auch die Scheinwerfer wurden in Dosen untergebracht. Wer braucht hier schon mehr Gehäuse drum als dünnes Weißblech? Das Bild der harmonischen Zweisamkeit kehrt optisch immer wieder, sind es die beiden Räder in Längsrichtung vom Triebwagen, oder die beiden quer am Gezogenen. Ob Scheinwerfer, Instrumentenanzeige oder die beiden hellen Lichtquellen auf dem alten Ölfass, welches das ganze Survivalgepäck aufnimmt. Nur der Nager an der Haltestange zwischen den beiden Hängerscheinwerfern bleibt ohne Gegenpart. Daneben blickt man in die beiden Augen einer Gasmaske.

Gonzo, so lautet der Name dieser post-apokalyptischen Erscheinung. Einfach alles an diesem Krad mutet an wie Science Fiction –

Never Surrender: Der Reitwagen in voller Aufrüstung und typisch holländisch mit Hänger – ein Low budget-Bike im Survival-Look.

nach einem Atomkrieg, wenn sich da ein paar übrig gebliebene, menschenähnliche Kreaturen wieder langsam zusammenrotten, um sich gegenseitig dann nur wieder übers Ohr zu hauen – im Kampf um das letzte verbliebene Trinkwasser.

Das Faktotum

Dazu braucht unser Niederländer sowieso ein Gefährt, auf das er voll und ganz vertrauen kann. Wie diese alte Honda, übrig geblieben aus dem letzten Jahrtausend. Eine ehrwürdige CB 750 Bol d'Or. Sie ähnelt kaum noch der Maschine, die 1982 das Licht der Welt erblikkte und begann, diese unter ihre Räder zu nehmen. Floris' Idee basiert auf den englischen „Survival-Bikes", die er dort vor Jahren schon bei seinen abenteuerlichen Urlauben erblikkte. Der Film „Mad Max II", unzählige Male inhaliert, lieferte den Stoff, aus dem die apokalyptisch angehauchten Träume sind. Und dann endlich das passende Krad: „Der Vorbesitzer fragte, ob ich den Motor wieder in den Originalzustand versetzen wolle. No chance! Ich hab den Apparat erst komplett auseinander genommen, noch bevor ich einen Meter damit gefahren bin. So konnte ich mir das Gerät genauso gestalten, wie ich es mir ausgedacht hatte."

Floris funktionierte eine große Munitionskiste in zwei kleine „Gepäck-Taschen" um. Die selbst konstruierte Auspuffanlage bezeichnet er als „Vier-in-Eins-Krümmeranlage". Als er das herausragende vordere Schutzblech, ebenfalls aus einer Munitionskiste gedengelt, unter die blechernen Augen eingefädelt hatte, kratzte er noch mit heller Farbe die bissigen Zacken drauf und „schon war Gonzo geboren ..." Am Lenker dienen Reifenreste als Handschutz, ein Fadenkreuz weist den Weg auf der Piste. Daneben thront ein schreiender Affe. Selbst die Spiegelhalterungen entsprechen dem Motto: „Alles ist zu gebrauchen". Floris stellte sie ebenso wie den sprichwörtlichen Kettenschutz

CB750 Bol D'or

ERBAUER/BESITZER
Floris Velthuis,
florisvelthuis@hotmail.com

RAHMEN
alt und abgelebt, Änderungen: schief gefahren, Bügel entfernt und neue geschweißt

MOTOR
Hubraum: 750 ccm, Motor ein bisschen undicht trotz einer halben Tube hitzebeständigen Silikons;
Vier offene Luftfilter; Vergaser eingestellt mit Duct Tape (funktioniert einwandfrei!);
4-in-1 Krümmer mit Sebring Dämpfer.

GABEL UND VORDERRAD
original
Schmutzfänger Vorderrad: ein Streifen vom PKW Reifen
Gabelstabilisator aus perforiertem Stahl
Hohes Schutzblech von Munitionskiste
Scheinwerfer in Blechdosen mit Miniatur-Lampen; Anhänger-Scheinwerfer vom Müllwagen; Seifenbehälter als Steinschlagschutz; Lenker: selbst gebaut; außerdem moniert: Hupe, Tuthorn und Fahrradklingel (macht's immer!)
Diopter konstruiert aus Eimer-Eisen
Rasierspiegel auf verschweißter Motorradkette
Benzintank mit Bauschaum; Eigenbau Benzintank-Bügel; Geschwindigkeits- und Drehzahlmesser in Blechdosen mit eingebautem Schalter
Ein-Liter-Reservetank mit Hahn, befestigt mit Regenrohrbügel
Benzinschläuche verbunden mit selbst gebauter Dreiwege-Teilung

FAHRERSITZ
vom Traktor
Sitz Fahrgast: Teil eines Küchenstuhls
Fahrgast darf die Füße auf richtige Harley Davidson Stütze setzen
Seitendeckel: perforiertes Stahlblech
Gepäckkisten: geänderte Munitionskisten
Sissybar: Heizungsrohr mit Drahtgeflecht

KETTENSCHUTZ
buchstäblich, aus Motorkette mit verschweißten Gliedern

ANHÄNGER
verschmälerte PKW Hunde-Karre; drehbare Deichsel in Kunststofflager; Platte für Nummernschild und Beleuchtung: Deckel einer Munitionskiste; Ölfass; Eisenrohr als Bügel; Kupplungskugel von PKW

Die Vision:

Floris, der Erbauer von Gonzo: „Die Idee war es, ein Krad zu bauen wie es sein müsste nach einer fatalen Kernkraftexplosion. Stell dir eine große Wüste vor, hier und da verfaulte Gerippe in kochend heißer, roter Sonne. In weiter Ferne brennt ein Kernkraftwerk, während dein Geigerzähler es ausschreit vor Freude. Hier und da findet man Reste von alten Vehikeln, begraben unter brennendem Sand. Jeder, der überleben möchte in dieser glühenden Sandkiste, muss natürlich schlauer sein als all seine Feinde. Klar, dass die mutierten Geschöpfe dich töten wollen. Du findest aber ein paar nützliche Teile um dir ein ‚Survival' zu bauen, angepasst ans Überleben. Pur, praktisch – und sehr grob gebaut."

Pur und praktisch: geht nicht gibt's nicht. Im Chaos gibt es auch immer ein System

Abb. 1: Grotesk nach bürgerlichen Wertvorstellungen. Alles nach eigener Bestimmung

Abb. 2: Ungekünstelt und ganz ohne falschen Abglanz. Eine Haut wie aus der Erdmitte entnommen

Abb. 3: Recycling at its best: Dosen auf, Instrumente und Licht rein.

aus miteinander verschweißten Kettengliedern her. Den vorsintflutlichen Sitz zog er von einem ausrangierten Trecker in einer abgelegenen Scheune.

Als dann nach mehr Raum für das Survival-Gepäck geforscht wurde, kam natürlich nur ein Anhänger in Betracht. „Das Fahrgestell diente einst als Basis für einen Hunde-Anhänger, der allerdings auf PKW-Maße ausgelegt war. Viel zu breit für meine Zwecke. Es musste verschmälert werden. Schleifereien der gemeinen Art brachten es schließlich auf Motorrad-Level runter.“ Das alte Ölfass beherbergt neben Zelt und Schlafsack auch eine Dose mit den von Floris so heiß begehrten Hamburgern mit Zwiebeln. Für die Zeit nach deren Genuss hängt draußen am ehemaligen Dachgepäckträger für Pkws die Gasmaske am Hänger bereit. Zur Schonung der lädierten Umwelt. Wenn das noch was nützt ... Für Rücklichter und Nummernschild kam wieder auserwähltes Metall von Munitionskisten zum Tragen. Wehrhaftigkeit all überall.

www.geramond.de

Der aktuelle Überblick: Alle Motorradtypen von A–Z

- **150 Typen, die auf dem deutschen Markt angeboten werden, in einem Band!**
- **Von A wie Aprilia bis Y wie Yamaha**
- **Topaktuell: Mit den Neuheiten des Modelljahres 2006**

Von A wie Aprilia bis Y wie Yamaha, von der kleinen Enduro bis zum superschweren »Reisedampfer« bietet Ihnen dieses Taschenbuch einen zuverlässigen Überblick über alle aktuellen Modelle, die derzeit im deutschsprachigen Raum angeboten werden. Jedes Fahrzeug wird mit Bild, Infotext und Datentabelle vorgestellt. Dabei werden Verkaufsschlager ebenso berücksichtigt wie teure Kultmarken. Ein umfangreicher Anhang enthält alle wichtigen Fakten für Fans und solche, die es werden wollen.

Motorrad-Typenbuch
Bilder – Daten – Technik
192 Seiten, ca. 190 Abb.,
12,0 x 18,5 cm,
ISBN 3-7654-7700-1

Husqvarna Moto Guzzi MZ GasGas Voxan Triumph Cagiva Ducati Kawasaki Aprilia Highland BMW Beta KT Sachs MV Agusta Buell Benelli Honda Yamaha Husaberg Suzuki Hyosung Harley Davidson

Im Buchhandel oder unter www.geramond.de

GeraMond